高等职业教育人工智能技术应用专业系列教材

计算机视觉技术实战

主　编　谢志强　张力文
副主编　张舒朗　钱秋林　张裕博

西安电子科技大学出版社

内 容 简 介

本书内容循序渐进，紧扣时代热点，通过 9 个精心设计的项目，由浅入深地引导读者从基础理论到实际应用，逐步掌握计算机视觉领域的关键技术。书中每个项目都是独立的学习单元，项目涵盖了卷积入门、图像分类、目标检测、图像分割、目标跟踪、人脸识别、风格迁移、CV 大模型以及模型部署等多个应用领域。同时，各个项目实践中皆融入了新时代中国特色社会主义思想和党的二十大精神。

本书注重职业教育的职业性、实践性等特征，致力于当代高职院校学生相关职业技术能力的培养，本书内容符合高等职业教育人工智能相关专业教学内容要求和产业高端生产需要。无论是高职高专院校计算机与人工智能相关专业的学生，还是对计算机视觉技术感兴趣的读者，都可以通过本书快速入门并提高实践能力。

图书在版编目(CIP)数据

计算机视觉技术实战 / 谢志强，张力文主编. 西安：西安电子科技大学出版社，2025.2. -- ISBN 978-7-5606-7531-2

Ⅰ.TP302.7

中国国家版本馆 CIP 数据核字第 2025RE0839 号

策　　划	黄薇谚　李鹏飞
责任编辑	孟秋黎
出版发行	西安电子科技大学出版社(西安市太白南路 2 号)
电　　话	(029) 88202421　88201467　　邮　编　710071
网　　址	www.xduph.com　　电子邮箱　xdupfxb001@163.com
经　　销	新华书店
印刷单位	陕西天意印务有限责任公司
版　　次	2025 年 2 月第 1 版　　2025 年 2 月第 1 次印刷
开　　本	787 毫米×1092 毫米　1/16　印 张　12.75
字　　数	295 千字
定　　价	39.00 元

ISBN 978-7-5606-7531-2

XDUP 7832001-1

*** 如有印装问题可调换 ***

前　言

　　人工智能作为新质生产力的重要组成部分，推动着社会生产力的变革和升级。计算机视觉是人工智能发展的核心领域之一，正以前所未有的速度重塑着我们的世界。从智能安防到自动驾驶，从医疗影像分析到虚拟现实体验，计算机视觉技术的应用无处不在，深刻影响着人类社会生活的方方面面。本书正是在这个时代背景下应运而生的，旨在为读者搭建起一座连接理论与实践的桥梁。本书精心设计了9个实战项目，涵盖了计算机视觉领域的多个关键核心任务，且每个任务均基于真实场景设计，可以给读者提供全面的计算机视觉领域实践经验和指导。本书的各个实战项目覆盖了从基础到进阶的广泛内容：从卷积神经网络的入门知识，到图像分类、目标检测的实践应用；从细致入微的图像分割、动态追踪的目标跟踪，到人脸识别的深度探讨；再至风格迁移的艺术实践，以及CV大模型的构建与应用；最后以综合应用收尾。每个项目都配有详细的代码示例、数据处理步骤及运行结果展示，确保读者能够跟随指导，亲手实现每一个算法，体验从零到一创造视觉智能应用的乐趣。

　　本书根据职业院校学生的特点及认知规律，按照人工智能专业人才培养方案安排教学内容，每个项目都有数据准备、模型构建、模型训练和评估等步骤，从引项目、析项目到做项目，循序渐进，将相关专业知识与实操内容进行整合，由浅入深地帮助读者了解实际项目的整体流程，使读者最终达到相应的企业级专业人才技能水平。

　　本书各项目的具体内容如下：项目1从基础的卷积入门开始，手动搭建一个入门级的卷积神经网络，以建立起对卷积运算和神经网络的基本理解。随着项目的深入，我们会逐步接触到更复杂的任务。项目2使用ResNet-18进行时尚商品识别，可以了解深度学习在图像分类中的应用。项目3和项目4则引入了YOLOv8模型，分别用于口罩识别和宠物猫实例分割，以掌握目标检测和图像分割的技术，同时项目中还重点介绍了目标检测和图像分割的标注工具及其使用。在掌握了基本的视觉识别技能后，项目 5 通过宠物猫目标跟踪，引入了动态目标追踪的概念。项目 6 进一步扩展到人脸识别领域，使用 insightface 进行人脸检索，从而读者可以了解高级的生物识别技术。项目 7 和项目 8 转向生成式人工智能技术，通过图像风格迁移和基于 Grounded-SAM 大模型的图像编辑，学习如何将艺术风格应用到图像上，以及如何通过文字描述来修改图像内容。最后，项目 9 结合前 8 个项目学习的内容，通过对火情识别算法的研发和工程化，展示了基于深度学习的计算机视觉技术在实际场景中的综合运用。

本书注重工程实践能力的培养，所涉及的项目均为工业界对计算机视觉技术的典型应用，每个项目中都提供了详细的操作步骤、源代码、PPT 课件等教学资源，同时还提供了具有针对性的习题及答案，旨在帮助读者通过动手实践，掌握计算机视觉领域的核心技术和应用。

本书不仅着重培养学生在计算机视觉领域的实践技能，同时注重将党的二十大精神贯穿其中，在各个项目实践知识中融入思政元素并提供教学示范，引导学生树立正确的人生观和价值观。本书的课程思政指导设计如下表所示。

本书课程思政指导设计

项目	指导要点	指导主题	指导中心
项目 1 卷积入门：手动搭建入门级卷积神经网络	科技创新：身处人工智能的大浪潮中，当鹰击长空，扬帆起航，学好本领，成为青年科技人才，积极投身这技术变革的时代	加快构建新发展格局，着力推动高质量发展； 实施科教兴国战略，强化现代化建设人才支撑； 增进民生福祉，提高人民生活品质； 推动绿色发展，促进人与自然和谐共生； 推进国家安全体系和能力现代化，坚决维护国家安全和社会稳定； 推进文化自信自强，铸就社会主义文化新辉煌	新时代中国特色社会主义思想和党的二十大精神
项目 2 图像分类：基于 ResNet-18 的时尚商品识别	产业升级：图像分类技术不仅能够提升现有产业的智能化水平，还能够促进新产业的发展和创新，是推动产业升级和转型的重要助力之一		
项目 3 目标检测：基于 YOLOv8 的口罩识别	人民福祉：口罩识别技术能够实时、准确地检测人们是否佩戴口罩，有效提升了公共卫生安全水平，保护了人们的生命健康，这是对民生福祉最基本的保障		
项目 4 图像分割：基于 YOLOv8-seg 的宠物猫实例分割	美好生活：实例分割技术在宠物护理、行为分析等方面的应用，有助于更好地理解和照顾宠物需求，促进人宠和谐共处，体现了对人民群众精神生活和心理健康的关怀		

续表

项目	指导要点	指导主题	指导中心
项目5 目标跟踪：基于YOLOv8-track的宠物猫目标跟踪	人工智能+：目标跟踪技术的发展有助于推动相关产业的智能化升级。在"人工智能+"行动的背景下，该技术可以与物联网、大数据、云计算等其他技术相结合，构建智能化的宠物管理系统，提高宠物行业的服务水平和运营效率	加快构建新发展格局，着力推动高质量发展；实施科教兴国战略，强化现代化建设人才支撑；增进民生福祉，提高人民生活品质；推动绿色发展，促进人与自然和谐共生；推进国家安全体系和能力现代化，坚决维护国家安全和社会稳定；推进文化自信自强，铸就社会主义文化新辉煌	新时代中国特色社会主义思想和党的二十大精神
项目6 人脸识别：基于insightface的人脸检索	数据安全：在实际应用中，我们应当审慎使用人脸识别技术，确保其用于正当、合法的目的，如打击犯罪、维护社会秩序等，同时要确保人脸数据的安全保障，从而为国家信息安全贡献力量		
项目7 风格迁移：基于NST与AnimeGAN的图像风格化	文化创新：风格迁移技术的应用为我们提供了一种新的视角，去重新发现和认识传统文化的美。它鼓励我们在尊重传统的基础上，勇于创新，不断探索文化与科技结合的新可能		
项目8 以文修图：基于Grounded-SAM大模型的图像编辑	新质生产力：大模型作为数字化、智能化的新型基础设施，颠覆了传统的生产和生活方式，促进了生产力的跃迁，特别是从算力向机器智力的转变，成为新质生产力的重要技术底座		
项目9 综合应用：火情识别算法研发及部署	科技强国：通过AI火情识别技术，我们能够及时发现火灾隐患，最大程度地减少火灾带来的损失。这一科技成果的转化和应用，充分彰显了科技创新服务于人民群众的宗旨，同时也为我国公共安全领域注入了新的科技力量		

本书由谢志强、张力文任主编，张舒朗、钱秋林、张裕博任副主编。全书由谢志强设计和统稿，项目1、2、3、4、6由谢志强编写，项目5由谢志强、张舒朗、钱秋林共同编写，项目7由张裕博、张舒朗、钱秋林共同编写，项目8由张裕博编写，项目9由张力文编写。

编者深知，学习计算机视觉技术是一段既需理论奠基又需实战演练的旅程。因此，在编写过程中，我们力求语言通俗易懂，尽量避免复杂的数学推导，侧重于通过实际案例来阐述原理，让初学者也能轻松上手，同时也为有一定基础的读者提供了深入探索的空间。

本书提供有工程代码包，读者可登录西安电子科技大学出版社官网(www.xduph.com)下载。

由于编者水平有限，书中定有疏漏与不妥之处，恳请广大读者批评指正。

编 者

2024年6月

目 录

项目 1　卷积入门：手动搭建入门级卷积神经网络 1

　任务 1.1　认识数据集 2

　　1.1.1　数据集来源 3

　　1.1.2　数据集展示 3

　任务 1.2　深度学习环境部署 5

　　1.2.1　深度学习框架简介 5

　　1.2.2　安装深度学习框架 6

　　1.2.3　安装依赖库 8

　任务 1.3　模型训练与评估 8

　　1.3.1　数据准备和预处理 9

　　1.3.2　定义神经网络结构和超参数 12

　　1.3.3　模型训练和评估 16

　项目总结 20

项目 2　图像分类：基于 ResNet-18 的时尚商品识别 22

　任务 2.1　认识数据集 Fashion-MNIST 和预训练模型 ResNet-18 23

　　2.1.1　数据集 Fashion-MNIST 介绍 24

　　2.1.2　ResNet-18 模型简介 25

　任务 2.2　TensorBoard 的安装与使用 27

　　2.2.1　TensorBoard 简介 27

　　2.2.2　TensorBoard 安装 28

　　2.2.3　TensorBoard 使用 28

·1·

任务 2.3	模型训练与评估	29
2.3.1	数据准备和预处理	30
2.3.2	定义模型和超参数	31
2.3.3	模型训练和评估	34
项目总结		37

项目 3 目标检测：基于 YOLOv8 的口罩识别 ... 38

任务 3.1	认识数据集和数据标注	39
3.1.1	数据集介绍	40
3.1.2	数据标注工具介绍	45
任务 3.2	认识 YOLOv8 框架	51
3.2.1	YOLOv8 目标检测框架简介	51
3.2.2	YOLOv8 目标检测的性能指标	52
3.2.3	YOLOv8 的安装	54
任务 3.3	模型训练与评估	54
3.3.1	数据准备	54
3.3.2	模型训练	56
3.3.3	模型推理	60
项目总结		61

项目 4 图像分割：基于 YOLOv8-seg 的宠物猫实例分割 ... 63

任务 4.1	实例分割数据集准备	64
4.1.1	数据集介绍	65
4.1.2	数据集标注	65
4.1.3	数据预处理	67
任务 4.2	YOLOv8-seg 模型训练	68
4.2.1	YOLOv8-seg 模型简介	69
4.2.2	YOLOv8-seg 模型训练	69
任务 4.3	YOLOv8-seg 模型推理	77
4.3.1	模型推理结果可视化	77
4.3.2	模型推理结果获取	78
项目总结		79

项目 5　目标跟踪：基于 YOLOv8-track 的宠物猫目标跟踪 80
　　任务 5.1　认识目标跟踪 82
　　　　5.1.1　目标跟踪算法概述 82
　　　　5.1.2　目标跟踪算法评估指标 84
　　任务 5.2　认识 YOLOv8-track 85
　　　　5.2.1　YOLOv8-track 框架 86
　　　　5.2.2　YOLOv8-track 实战应用 88
　　任务 5.3　宠物猫运动轨迹追踪可视化 92
　　项目总结 95

项目 6　人脸识别：基于 insightface 的人脸检索 97
　　任务 6.1　认识人脸识别 98
　　　　6.1.1　人脸识别简介 99
　　　　6.1.2　人脸采集说明 100
　　任务 6.2　认识 insightface 框架 101
　　　　6.2.1　insightface 框架简介 101
　　　　6.2.2　insightface 库的安装与使用 102
　　任务 6.3　基于 insightface 的人脸检索 106
　　　　6.3.1　人脸注册 106
　　　　6.3.2　人脸匹配 108
　　项目总结 110

项目 7　风格迁移：基于 NST 与 AnimeGAN 的图像风格化 111
　　任务 7.1　认识图像风格迁移 112
　　　　7.1.1　图像风格迁移方法 112
　　　　7.1.2　图像风格迁移应用领域 113
　　任务 7.2　基于 NST 的图像风格迁移 114
　　　　7.2.1　NST 原理概述 114
　　　　7.2.2　自然风景国画化实战 116
　　任务 7.3　基于 AnimeGAN 的图像风格迁移 125
　　　　7.3.1　AnimeGAN 原理概述 125
　　　　7.3.2　人脸风格化实战 126

项目总结 132

项目8　以文修图：基于 Grounded-SAM 大模型的图像编辑 134

　任务 8.1　认识 Grounded-SAM 开源项目 135
　　8.1.1　Grounded-SAM 概述 136
　　8.1.2　Grounded-SAM 的部署和使用 136
　任务 8.2　基于 Grounded-SAM 的图像编辑 143
　　8.2.1　以文修图的实现过程 143
　　8.2.2　基于 Gradio 实现可视化图像编辑 144
　任务 8.3　Grounding DINO 模型的微调 153
　　8.3.1　微调任务分析 153
　　8.3.2　基于 MMDetection 框架的 Grounding DINO 微调 155
　项目总结 160

项目9　综合应用：火情识别算法研发及部署 161

　任务 9.1　火情识别模型训练 162
　　9.1.1　D-Fire 数据集 163
　　9.1.2　YOLOv8 算法模型选择 167
　　9.1.3　YOLOv8 环境搭建及训练 168
　　9.1.4　算法效果分析 171
　　9.1.5　算法模型调优 172
　任务 9.2　推理框架及模型转换 173
　　9.2.1　推理框架概述 174
　　9.2.2　ONNX RUNTIME 推理框架实战 174
　　9.2.3　OpenVINO 推理框架实战 176
　　9.2.4　TensorRT 推理框架实战 178
　任务 9.3　火情识别模型部署 183
　　9.3.1　模型推理 184
　　9.3.2　推理结果可视化 191
　项目总结 192

参考文献 194

项目 1
卷积入门：手动搭建入门级卷积神经网络

项目背景

深度学习是人工智能领域的重要分支，广泛应用于计算机视觉、自然语言处理、语音识别等多个领域。深度神经网络作为深度学习的核心组成部分，能够从大量数据中学习特征并进行高效的模式识别，已经取得了许多重大的突破。其中，卷积神经网络(Convolutional Neural Networks，CNN)在计算机视觉领域具有重要的意义，其优秀的特征提取能力、高效的参数共享机制、多层次抽象能力和自动特征学习等，为计算机视觉任务的解决提供了强有力的工具。

通过手动搭建入门级的卷积神经网络，读者可以深入理解神经网络的结构和工作原理，为进一步学习和应用深度学习奠定坚实的基础。

项目内容

本项目通过搭建一个简单的卷积神经网络，帮助读者了解神经网络的基本概念、架构和训练过程。我们将使用一个公开的图像数据集——手写中文数字数据集，从加载和预处理数据开始，逐步构建一个包含卷积层、池化层和全连接层的神经网络，最终解决一个图像分类问题。通过训练和评估模型，读者可以学习如何定义网络结构、选择合适的超参数、编写训练循环以及对模型性能进行评估。通过对网络结构和超参数进行调整，读者将能够深入理解神经网络中各个组件的作用，并掌握基本的深度学习训练技巧。

工程结构

图 1-1 是项目的主要文件和目录结构。其中，dataset 为存放数据集的目录，model 为存放模型文件的目录，data_load_and_show.ipynb 为用于样本数据加载和查看的 jupyter 文件。SimpleCNN.ipynb 和 SimpleCNN.py 为本项目的主要代码文件，两者内容一致，前者用于 jupyter 交互执行，更加直观；后者用于脚本执行，更加高效。

```
+-- Project1_SimpleCNN/
| +-- dataset/
| | +-- Handwritten_Chinese_Numbers_DataSet/
| | | +-- Low Resolution Dataset/
| | | +-- Raw Dataset/
| | | +-- Trainable Dataset/
| | |-- READ ME.txt
| +-- model/
| |-- model_val90.67.pth
| |-- model_val95.78.pth
|-- data_load_and_show.ipynb
|-- SimpleCNN.ipynb
|-- SimpleCNN.py
```

图 1-1　项目的主要文件和目录结构

知识目标

(1) 逐步掌握深度神经网络的基本原理和实际操作技能。
(2) 为进一步深入学习和应用计算机视觉技术打下坚实的基础。

能力目标

(1) 掌握图像数据集的加载和预处理。
(2) 理解深度神经网络的基本结构和工作原理。
(3) 掌握神经网络的搭建和训练过程。
(4) 学会选择适当的超参数。
(5) 能够使用训练好的神经网络进行图像分类。

任务1.1　认识数据集

本任务首先学习数据集的来源、收集方式和组成结构,这是进行深度学习的第一步。

任务目标

(1) 了解手写中文数字数据集的来源、收集方式和组成结构。
(2) 掌握如何加载和展示数据集中的样本图像。

(3) 认识项目的主要文件和目录结构，包括存放数据集、模型文件和代码文件的目录结构。

(4) 学习两种主要代码文件 (Jupyter Notebook 和 Python 脚本)。

相关知识

1.1.1 数据集来源

手写中文数字 (Handwritten Chinese Numbers) 数据集[①] 是一个用于手写中文数字识别的数据集，类似于传统的英文 MNIST 数据集，每个样本都是一个数字的中文字符。手写中文数字数据集中的数据来源于纽卡斯尔大学 (Newcastle University) 的一个研究项目。项目中有一百名中国公民参与了数据收集。每个参与者用标准黑色墨水笔，在一张画有 15 个指定区域表格的白色 A4 纸上写下指定的 15 个中文数字，并重复这个过程 10 次。然后，对每张纸均以 300 × 300 像素的分辨率进行扫描，经过处理最终生成了包含 15000 张图像的数据集，每个图像代表一组 15 个字符中的一个字符，像素大小为 64 × 64。

每个样本数据文件的命名规则为：Locate{personnel_id,sample_id,code}.jpg。以 Locate{1,3,4}.jpg 为例，其代表人员编号为 1、采样编号为 3、中文数字编码为 4 的样本。其中中文数字编码的对应关系如表 1-1 所示。

表 1-1 中文数字编码的对应关系

中文数字编码	中文数字字符	中文数字编码	中文数字字符
1	零	9	八
2	一	10	九
3	二	11	十
4	三	12	百
5	四	13	千
6	五	14	万
7	六	15	亿
8	七		

1.1.2 数据集展示

代码 1-1 是关于手写中文数字数据集的示例代码，展示了如何加载数据集并显示前 15 个样本的图像。通过这些样本的展示，读者可以更好地理解并运用手写中文数字数据集和其中的中文数字字符。

[①] 本项目数据集引用自：NAZARPOUR K，CHEN M (2017). Handwritten Chinese Numbers. Newcastle University. Dataset. https://doi.org/10.17634/137930-3.

代码 1-1

```python
import os
import matplotlib.pyplot as plt

# 数据集存放目录
dataset_path = r'.\dataset\Handwritten_Chinese_Numbers_DataSet'
raw_dataset_path = os.path.join(dataset_path, 'Raw Dataset')

for curDir, dirs, files in os.walk(raw_dataset_path):  # 遍历目录下的所有文件和子目录
    fig, axs = plt.subplots(3, 5, figsize=(12, 8))  # 定义 3*5 子图网格
    num = 0
    for file_name in files:
        if num >= 15:  # 只显示前 15 张图像
            break
        i, j = num // 5, num % 5
        num += 1
        # 读取图像
        file_path = os.path.join(curDir, file_name)
        img = plt.imread(file_path)
        axs[i, j].imshow(img)

# 显示图像
plt.show()
```

输出结果如图 1-2 所示。

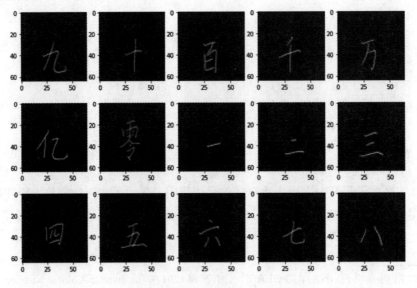

图 1-2　示例代码 1-1 的输出结果

任务1.2 深度学习环境部署

本任务首先介绍选择 PyTorch 作为深度学习框架的原因，然后介绍使用 Miniconda 安装 PyTorch 的步骤，包括安装 Conda、创建虚拟环境、安装 PyTorch、验证安装和安装相关依赖库。本节内容是下一节进行模型训练与评估的基础。

任务目标

(1) 了解 PyTorch 作为深度学习框架的原因。
(2) 掌握使用 Miniconda 安装 PyTorch 的步骤。

相关知识

1.2.1 深度学习框架简介

PyTorch 是业界流行的深度学习框架之一，在此选择使用 PyTorch 而不选择其他深度学习框架，主要有以下几个原因：

(1) 易于学习和使用。

PyTorch 拥有更简单直观的 API 设计，更接近 Python 编程习惯，使得新手可以更快地上手。其动态计算图的特性让用户能够更直观地编写代码并调试，降低了学习门槛。

(2) 直观的动态计算图。

PyTorch 采用动态计算图，允许用户在运行时动态构建、修改计算图，这使得调试和实验变得更加灵活和直观，也可以更容易地理解代码执行过程，从而更好地理解神经网络的工作原理。

(3) 简洁的 Pythonic 设计。

PyTorch 设计追求 Pythonic，更接近 Python 语言本身的设计哲学，语法简洁清晰，易读性强，降低了开发者的认知难度。

(4) 丰富的社区支持和生态系统。

PyTorch 拥有庞大且活跃的开发者社区，提供了丰富的文档、教程和示例，以及丰富的第三方库和工具，能够满足开发者的不同需求。

(5) 就业市场需求不断增长。

业界对于具备 PyTorch 经验的人才的需求在不断增加。读者学习了 PyTorch 后，可以提升就业竞争力。

因此，PyTorch 以其简单、灵活、直观、Pythonic 的设计理念以及丰富的社区支持，成为研究和实践深度学习的首选框架。

1.2.2 安装深度学习框架

PyTorch 提供了多种安装方式，包括使用 pip 和 Conda。其中，Conda 作为一个强大的开源工具，提供了方便、灵活和高效的环境和包管理机制，尤其适用于复杂项目和依赖关系多样的深度学习开发，所以在此采用 Conda 安装。

(1) 安装 Conda。

以 Linux 为例，安装 Conda 有两种常见的方式：①通过 Anaconda 发行版安装；②通过 Miniconda 安装。其中，Miniconda 是一个更轻量级的 Conda 发行版，只包含 Conda、Python 解释器和基本的库。在此，通过以下步骤在 Linux 上安装 Miniconda。

(2) 下载 Miniconda 安装脚本。

通过浏览器访问 Miniconda 官网下载页面(请见随书代码附带的"Miniconda 官方下载链接.txt"文件)，选择适合系统的安装脚本链接，如 Linux 的 64 位系统，复制下载链接。

(3) 使用 wget 下载安装脚本。

打开终端，使用 wget 命令下载安装脚本，例如：

```
wget https://repo.anaconda.com/miniconda/Miniconda3-latest-Linux-x86_64.sh
```

可将链接替换为任一版本的下载链接。

(4) 运行安装脚本。

使用 bash 命令运行下载的安装脚本，例如：

```
bash Miniconda3-latest-Linux-x86_64.sh
```

脚本名称可能会因版本而异，可根据实际情况进行替换。

脚本会提示阅读许可协议，按照提示按下 "Enter" 键同意许可协议。

(5) 按照提示完成安装。

安装过程中，脚本会提示选择安装路径、询问否将 Conda 加入系统 PATH 等，按照实际需求选择相应的选项即可。

(6) 激活安装。

安装完成后，需要重新打开终端窗口或使用 source 命令来使变更生效。

(7) 测试安装。

在终端中输入以下命令，检查是否安装成功。

```
conda --version
```

如果安装成功，会显示 Conda 的版本信息。

输出结果：

```
conda 23.5.2
```

(8) 配置 Conda。

可以根据需要选择配置 Conda，比如添加 channels、设置代理等。在这里可以使用以下命令将 conda 的 channels 配置为清华源。

```
conda config --add channels https://mirrors.tuna.tsinghua.edu.cn/anaconda/pkgs/main/
conda config --add channels https://mirrors.tuna.tsinghua.edu.cn/anaconda/cloud/conda-forge/
conda config --add channels https://mirrors.tuna.tsinghua.edu.cn/anaconda/pkgs/free/
conda config --set show_channel_urls yes
```

以上操作可以将清华镜像源添加到 Conda 的 channels 中，并设置显示 channel 的 URL。

需要注意的是，在运行过上述命令之后，Conda 会在当前用户 home 目录下生成对应的配置 ~/.condarc，并且默认添加一个 defaults 频道。defaults 是官方频道，而在国内访问官方频道非常不稳定，经常会遇到 condaHTTPError: HTTP 000 CONNECTION FAILED 的错误。所以，建议在此使用 vim 命令打开 ~/.condarc 文件并手动删除配置里的 defaults 频道。

至此，已经成功在 Linux 上安装了 Miniconda，接下来可以通过 conda 命令来管理 Python 环境和软件包了。

(1) 创建虚拟环境。

建议在安装 PyTorch 之前先创建一个虚拟环境，以隔离不同项目的依赖。在此使用 conda 命令创建虚拟环境，命令如下：

```
conda create -n pytorch python=3.11   # 创建名为 pytorch 的环境，并指定 Python 版本
```

执行命令后，按提示输入 "y" 同意安装，然后等待创建完成后，执行以下命令激活虚拟环境。

```
conda activate pytorch
```

(2) 安装 PyTorch。

访问 PyTorch 官方网站，往下拉到 "INSTALL PYTORCH" 部分，通过指定 PyTorch 版本、操作系统版本、安装方式、语言和硬件配置来生成安装命令。

如图 1-3 所示，根据操作主机所使用的硬件配置和需求，选择合适的 PyTorch 版本安装命令。

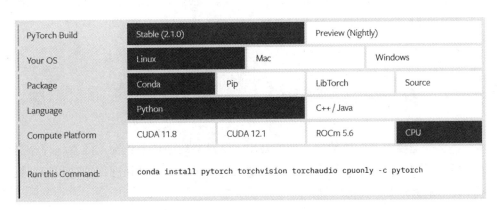

图 1-3　选择合适的 PyTorch 版本安装命令

以下是 PyTorch 版本安装命令示例：

① 使用 conda 安装 CPU 版本，命令如下：

```
conda install pytorch torchvision torchaudio cpuonly -c pytorch
```

② 使用 conda 安装 GPU 版本 (假如 CUDA 版本为 12.1)，命令如下：

```
conda install pytorch torchvision torchaudio pytorch-cuda=12.1 -c pytorch -c nvidia
```

(3) 验证安装。

安装完成后，通过在 Python 交互式环境中导入 PyTorch 并输出版本号来验证安装是否成功，命令如下：

```
import torch
print(torch.__version__)
```

输出结果：

```
2.1.0
```

请注意，以上命令仅是示例，实际上可能需要根据系统配置和需求进行一些调整，输出结果也会因为版本不同而有所不同。此外，为了获得更好的性能和稳定性，在使用 GPU 版本时需确保 GPU 驱动和 CUDA 版本与 PyTorch 兼容。

1.2.3 安装依赖库

接下来安装所需要的依赖库，这些库将在项目中使用，其中包括图像处理库、辅助数据处理库等。安装依赖库的命令如下：

```
conda install opencv tqdm
```

OpenCV(Open Source Computer Vision Library) 是一个跨平台的开源计算机视觉库，可以为用户提供丰富的图像处理和计算机视觉算法，可以帮助开发者快速构建图像处理、计算机视觉和机器学习应用。

tqdm 是一个 Python 包，为用户提供了一个快速、可扩展且易于使用的进度条显示工具。使用 tqdm 可以让代码更加直观、友好，尤其在处理大规模数据、复杂任务或需要长时间运行的程序时，可以明显提升用户体验。

任务1.3　模型训练与评估

本任务首先需要熟悉图像数据处理的常用方法，然后通过搭建简单的卷积神经网络和模型训练后对手写中文数字数据进行分类识别，从而掌握定义神经网络结构和超参数、模型训练和评估的方法。

任务目标

(1) 了解如何将原始数据集目录转换为适用于深度学习网络使用的格式。
(2) 掌握 PyTorch 中的图像预处理操作——transforms.Compose 模块的用法。
(3) 掌握数据集的常用划分方法。
(4) 理解批量加载后训练数据 4 个维度的含义。
(5) 了解如何通过 PyTorch 的各个组件构建一个简单的卷积神经网络。
(6) 了解卷积层、池化层、全连接层等各层网络的作用。
(7) 了解深度学习中的各个重要的超参数及其对模型的影响。
(8) 了解如何使用训练集对模型进行训练,包括模型优化过程、损失计算、反向传播、参数更新等。
(9) 掌握如何在验证集上评估并保存模型,并调整超参数以优化模型性能,最终使用测试集评估模型。
(10) 掌握准确率、精确率、召回率、F1 分数等评估指标的计算方法。

相关知识

1.3.1 数据准备和预处理

在开始模型训练之前,需要将原始数据转换为模型所需要的形式,然后将数据划分为训练集、验证集和测试集(数据量少的情况下可以只划分为训练集和测试集)。

1. 数据集目录转换

以本项目数据集的图像数据处理为例,代码 1-2 将原始数据集目录下的 15000 张图像根据各自的类别标签分别创建目录存放。

代码 1-2

```
import os
import shutil
from torch.utils.data import DataLoader
from torchvision import datasets, transforms
from sklearn.model_selection import train_test_split

## 数据预处理 1: 将原始数据集目录转换为适用于 PyTorch 的 ImageFolder 工具加载
dataset_path = r'.\dataset\Handwritten_Chinese_Numbers_DataSet'
raw_dataset_path = os.path.join(dataset_path, 'Raw Dataset')
trainable_dataset_path = os.path.join(dataset_path, 'Trainable Dataset')  # 定义新存放目录
# 目录如果不存在则自动创建
if not os.path.exists(trainable_dataset_path):
```

```
    os.makedirs(trainable_dataset_path)
# 将原始数据复制到各自类别目录下
for curDir, dirs, files in os.walk(raw_dataset_path):  # 遍历目录下的所有文件和子目录
    tbar = tqdm.tqdm(files, ncols=100)  # 进度条显示
    for file_name in tbar:
        class_id = file_name.split(',')[2].split('}')[0].strip()
        class_path = os.path.join(trainable_dataset_path, class_id)
        if not os.path.exists(class_path):
            os.makedirs(class_path)  # 分别创建 1-15 类别编号的子目录
        # 复制文件到类别目录下
        source_path = os.path.join(raw_dataset_path, file_name)
        dst_path = os.path.join(class_path, file_name)
        shutil.copyfile(source_path, dst_path)  # 复制图像数据到对应的类别目录

# 统计类别目录下的图像文件数量
counts = {}  # 用于存储每个子目录的文件数
for curDir, dirs, files in os.walk(trainable_dataset_path):
    # 对每个子目录计数
    class_id=curDir.split('\\')[-1]
    counts[class_id] = len(files)
# 查看统计数
print(counts)
```

输出结果:

```
100%|████████████████████████| 15000/15000 [00:30<00:00, 487.97it/s]
{'Trainable Dataset': 0, '1': 1000, '10': 1000, '11': 1000, '12': 1000, '13': 1000, '14': 1000, '15': 1000, '2': 1000, '3': 1000, '4': 1000, '5': 1000, '6': 1000, '7': 1000, '8': 1000, '9': 1000}
```

其中，代码 1-2 在使用 for 循环处理数据时调用了 tqdm 包来显示处理时的进度条。从输出结果可以看到，数据集目录转换后每个标签目录下各自有 1000 张图像样本数据。

2. 数据读取

首先定义数据格式转换的模块，在数据读取时，同时完成数据转换，详见代码 1-3。

代码 1-3

```
## 数据预处理 2: 转换为 PyTorch 便于处理的 Tensor 格式，并进行归一化
transform = transforms.Compose([
    transforms.Grayscale(num_output_channels=1),   # 将图像转为单通道灰度图像
    transforms.ToTensor(),                          # 转换为 PyTorch 张量
    transforms.Normalize((0.5,), (0.5,))            # 以均值、标准差皆为 0.5 进行归一化
])
```

```
# 读取数据集
dataset = datasets.ImageFolder(trainable_dataset_path, transform=transform)
```

torchvision.transforms.Compose 是 PyTorch 中的图像预处理操作，用于将多个图像变换按照指定的顺序组合成一个变换序列，然后将这个组合后的变换序列应用到数据集中的图像上，形成一个数据处理流水线，用于数据的预处理、数据增强等操作。

torchvision.datasets.ImageFolder 是 PyTorch 中用于加载以下列方式组织的图像数据集的类：

root/dog/xxx.png

root/dog/xxy.png

root/dog/xxz.png

root/cat/123.png

root/cat/nsdf3.png

root/cat/asd932_.png

这种数据集组织方式通常用于分类任务，其中每个子文件夹均代表一个类别，子文件夹中的图像都属于该类别。ImageFolder 可以自动地加载图像并进行相应的预处理，使其适用于训练模型。

3. 数据集划分

在深度学习中，常见的数据集划分包括训练 (train) 集、验证 (validate) 集和测试 (test) 集。训练集用于模型的训练，验证集用于调整模型的超参数和选择最佳模型，测试集用于评估模型的性能。

代码 1-4 中使用的是一种常用的划分方法，按照比例将数据集划分为 80% 的训练集、10% 的验证集和 10% 的测试集。

代码 1-4

```
# 划分数据集
train_val_dataset, test_dataset = train_test_split(
    dataset,              # 传入要划分的数据集
    test_size=0.1,        # 测试集的大小，0.1 表示 10% 的样本作为测试集
    shuffle=True,         # 划分前先打乱数据
    random_state=36       # 控制数据的随机划分，如果设置了相同的值，每次划分将保持一致
)
train_dataset, val_dataset = train_test_split(
    train_val_dataset,
    test_size=0.1,
    shuffle=True,
    random_state=81
)
```

4. 数据加载

数据准备的最后一步是批量加载数据，详见代码 1-5。

代码 1-5

```
# 加载数据集
train_loader = DataLoader(train_dataset, batch_size=32)
val_loader = DataLoader(val_dataset, batch_size=32)
test_loader = DataLoader(test_dataset, batch_size=32)

# 查看单条数据的形状和类型
for X, y in test_loader:
    print(f"Shape of X [N, C, H, W]: {X.shape}")
    print(f"Shape of y: {y.shape} {y.dtype}")
    break
```

输出结果：
Shape of X [N, C, H, W]: torch.Size([32, 1, 64, 64])
Shape of y: torch.Size([32]) torch.int64

torch.utils.data.DataLoader 是 PyTorch 提供的一个用于批量加载数据的工具。在内存有限的情况下，该工具允许在训练模型时以批量的方式加载数据，同时也提供数据处理和多线程加载的功能。

其中，batch_size 为超参数，代表模型每批训练或推理的数据量，如代码 1-5 中 batch_size=32 表示每次只处理 32 条数据。如果内存足够大，batch_size 可以设置为更大，如 64、128(一般为 2 的倍数)。

最后，在输出结果中可以看到批量加载后的训练数据有 4 个维度：N 代表 batch_size；C 代表 channel，此处为 1，即灰度图；H 和 W 分别代表数据的高和宽，即像素大小。

1.3.2 定义神经网络结构和超参数

本小节将定义卷积神经网络的结构，并详细描述不同层的类型和作用，如卷积层、池化层、全连接层、激活函数层等。同时，将详细说明所选择的超参数及其作用，如学习率、迭代次数、优化算法等。

1. 定义神经网络的结构

代码 1-6 是一个简单的定义卷积神经网络结构的示例。

代码 1-6

```
import torch.nn as nn

class SimpleCNN(nn.Module):
    def __init__(self):
```

```python
        super(SimpleCNN, self).__init__()
        self.cvBlock1 = nn.Sequential(
            nn.Conv2d(
                in_channels=1,              # 输入的特征图的深度或通道数,1 代表灰度图
                out_channels=16,            # 输出的通道数,即卷积核的个数
                kernel_size=5,              # 卷积核大小
                stride=1,                   # 卷积步长,表示卷积核在输入上滑动的步长
                padding=2,                  # 零填充的大小,用于控制输入周围填充 0 的层数
            ),
            nn.ReLU(),                      # 卷积层后跟 RelU 激活函数
            nn.MaxPool2d(kernel_size=2),    # 进行最大池化操作,池化窗口大小为 2
        )
        self.cvBlock2 = nn.Sequential(
            nn.Conv2d(
                in_channels=16,             # 此处的输入通道数为上个模块的输出通道数
                out_channels=32,            # 指定输出卷积核的个数为 32
                kernel_size=5,
                stride=1,
                padding=2,
            ),
            nn.ReLU(),
            nn.MaxPool2d(kernel_size=2),
        )
        self.out = nn.Linear(
            in_features=32 * 16 * 16,       # 卷积模块提取到的特征数
            out_features=15)                # 15 代表输出类别,即 15 个中文数字

    def forward(self, x):
        x = self.cvBlock1(x)                # 输入数据传参给卷积模块 1 执行
        x = self.cvBlock2(x)                # 卷积模块 1 结果传参给卷积模块 2 执行
        x = x.view(x.size(0), -1)           # 展平 (flatten) 为一维向量传给全连接层
        output = self.out(x)
        return output
```

代码 1-6 是一个比较典型的卷积神经网络结构——由两个卷积层、两个激活函数层、两个池化层和一个全连接层组成,其中卷积层用于提取图像的特征,激活函数层用于增强网络的表达能力和非线性特性,池化层用于降采样,全连接层用于分类。

torch.nn.Sequential 是 PyTorch 的一个容器模块,可以顺序地将多个神经网络层组合形

成一个网络模块。卷积层、激活函数层和池化层的组合常被称为卷积层块 (Convolutional Block) 或卷积层组合。通过多个卷积层块堆叠在一起来构建深度卷积神经网络，逐渐提取抽象层次的特征，网络能够学习到更加复杂、高级的特征表示，从而实现对图像等数据的高效分类和处理。

torch.nn.Conv2d 是 PyTorch 中用于创建二维卷积层的函数，用于处理二维输入数据，从而提取图像等二维数据的特征，常用于图像处理任务。

torch.nn.MaxPool2d 是 PyTorch 中用于创建二维最大池化层的函数。最大池化是一种常用的池化操作，主要用于减小特征图的空间尺寸，同时保留特征图的最显著特征，如图像中物体的边缘或纹理等。与此相对的平均池化 AvgPool2d 操作则侧重于保留更多的全局信息，对于整体图像特征的表达更为平滑。在实践中，一般最大池化更常用，因为它通常能够更好地提取图像特征，尤其是在卷积神经网络的深层网络中。

torch.nn.Linear 是 PyTorch 中用于创建线性 (全连接) 层的类，用于处理线性输入数据，常用于神经网络中的全连接层。在卷积神经网络中，torch.nn.Linear 通常用于处理该网络的最后一层或者全连接层，对卷积层提取到的特征进行全连接，以便进行分类或回归等任务。

forward 函数是 PyTorch 中每个自定义模型 (继承自 torch.nn.Module) 中必须实现的方法之一。它定义了模型的前向传播逻辑，也就是指定数据在模型中如何流动、如何计算，最终生成模型的输出。

2. 实例化神经网络

在代码 1-7 中，指定训练设备时会优先指定 GPU 或 MPS 显卡设备，其中 MPS 是指苹果主机的 GPU，而本次示例使用的是 CPU 设备。最后在输出结果中可以看到神经网络实例化后各层的结构及参数。

代码 1-7

```
# 优先指定 GPU 或者 MPS 设备，若无则指定 CPU 设备
device = (
    "cuda" if torch.cuda.is_available()
    else "mps" if torch.backends.mps.is_available()
    else "cpu"
)
print(f"Using {device} device")
print("---------------------------")


# 模型实例化并查看模型结构
model = SimpleCNN().to(device)      # 模型实例化后送入到指定设备
print(model)                         # 查看模型的最终结构
```

输出结果：
Using cpu device

SimpleCNN(
 (cvBlock1): Sequential(
  (0): Conv2d(1, 16, kernel_size=(5, 5), stride=(1, 1), padding=(2, 2))
  (1): ReLU()
  (2): MaxPool2d(kernel_size=2, stride=2, padding=0, dilation=1, ceil_mode=False)
)
 (cvBlock2): Sequential(
  (0): Conv2d(16, 32, kernel_size=(5, 5), stride=(1, 1), padding=(2, 2))
  (1): ReLU()
  (2): MaxPool2d(kernel_size=2, stride=2, padding=0, dilation=1, ceil_mode=False)
)
 (out): Linear(in_features=8192, out_features=15, bias=True)
)

3. 定义超参数

超参数是指在训练机器学习或深度学习模型时，需要手动设置并调整的参数，而不是通过模型自身学习得到的参数。这些参数对模型的训练和性能影响重大，需要通过实验和经验来确定最佳值。一般来说，超参数需要在训练之前进行调整。

常见的超参数包括但不限于：

(1) 学习率 (Learning Rate)。

学习率控制了模型权重在每次迭代时的更新幅度。较小的学习率可能导致训练过慢，而较大的学习率可能导致训练不稳定甚至发散。

(2) 批次大小 (Batch Size)。

批次大小定义了每次更新模型参数时所使用的样本数量。合适的批次大小可以提高模型的训练速度和泛化能力。

(3) 迭代次数 (Epoch)。

迭代次数指定了整个训练数据集将被模型遍历的次数。不足的迭代次数可能导致模型不能充分学习，而过多的迭代次数可能导致过拟合。

(4) 网络结构和层数。

网络的深度和每一层的神经元数量是需要人工设置的超参数。不同的网络结构会影响模型的性能。

(5) 激活函数的选择。

合适的激活函数，如 ReLU、Sigmoid、Tanh 等，也是重要的超参数。

(6) 优化算法及其参数。

优化算法及其相关参数对模型的训练速度和稳定性影响很大，如动量、Adam 的 $\beta1$ 和 $\beta2$ 参数等。

(7) 卷积核大小和数量。

对于卷积神经网络，卷积核的大小和数量是重要的超参数，会影响特征的提取效果。

调整这些超参数并找到最佳组合是一个不断迭代和耗时的过程，通常需要基于经验、实验和验证集的性能来进行调整。

代码 1-8 是本项目初始定义的超参数。其他超参数，如批次大小、卷积核大小和数量等，已在构建网络结构时完成了定义。

代码 1-8

```python
# 定义超参数
learning_rate = 0.01
num_epochs = 5
criterion = nn.CrossEntropyLoss()      # 采用交叉熵损失函数
optimizer = optim.Adam(
    model.parameters(),                # 需要进行优化的模型参数
    lr=learning_rate                   # 指定学习率，如不指定则默认为 1e-3
)
```

1.3.3 模型训练和评估

本小节将提供模型训练和评估的代码示例，包括模型训练过程、训练时的日志记录、模型验证和参数优化、模型保存等。同时，对模型评估指标进行了说明，包括准确率、精确率、召回率和 F1 分数等。

1. 模型训练

代码 1-9 是模型训练的代码块，读者需要重点理解带注释的参数的含义。

代码 1-9

```python
# 按照 epoch 大小进行模型训练
for epoch in range(num_epochs):
    for i, (images, labels) in enumerate(train_loader):
        outputs = model(images)              # 数据传入模型进行前向传播
        loss = criterion(outputs, labels)    # 计算损失
        optimizer.zero_grad()                # 清零梯度
        loss.backward()                      # 反向传播，计算梯度
        optimizer.step()                     # 更新参数

        # 每跑 100 个 batch 数据时打印训练日志
```

```
        if (i + 1) % 100 == 0:
            print(f'Epoch [{epoch + 1}/{num_epochs}], Step [{i + 1}/{len(train_loader)}], Loss: {loss.
item():.4f}')
```

输出结果：

Epoch [1/5], Step [100/380], Loss: 0.4664
Epoch [1/5], Step [200/380], Loss: 0.3021
Epoch [1/5], Step [300/380], Loss: 0.3532
Epoch [2/5], Step [100/380], Loss: 0.2481
Epoch [2/5], Step [200/380], Loss: 0.3943
Epoch [2/5], Step [300/380], Loss: 0.2156
Epoch [3/5], Step [100/380], Loss: 0.4384
Epoch [3/5], Step [200/380], Loss: 0.1881
Epoch [3/5], Step [300/380], Loss: 0.1758
Epoch [4/5], Step [100/380], Loss: 0.1669
Epoch [4/5], Step [200/380], Loss: 0.3306
Epoch [4/5], Step [300/380], Loss: 0.0404
Epoch [5/5], Step [100/380], Loss: 0.0400
Epoch [5/5], Step [200/380], Loss: 0.3310
Epoch [5/5], Step [300/380], Loss: 0.3762

2. 模型评估

代码 1-10 是模型评估的代码块，用于在验证集上评估模型的性能。深度学习模型评估与训练的区别是评估时保持权重不变并关闭了梯度的自动计算。

代码 1-10

```
# 在验证集上评估模型
model.eval()    # 将模型切换到评估模式，模型的权重保持不变
with torch.no_grad():                    # 关闭梯度自动计算
    correct = 0                          # 定义预测准确数
    predictions = torch.tensor([], dtype=torch.int)         # 定义所有预测结果数组
    true_labels = torch.tensor([], dtype=torch.int)         # 定义所有真实结果数组
    for images, labels in val_loader:
        outputs = model(images)                             # 前向传播
        _, predicted = torch.max(outputs.data, 1)           # 获取预测结果标签
        predictions = torch.cat((predictions, predicted))   # 合并预测结果
        true_labels = torch.cat((true_labels, labels))      # 合并真实结果
        correct += (predicted == labels).sum().item()       # 统计预测正确数

    accuracy = 100 * correct / len(true_labels)             # 计算准确率
```

```
    precision = precision_score(true_labels, predictions, average='macro')        # 计算精确率
    recall = recall_score(true_labels, predictions, average='macro')              # 计算召回率
    f1 = f1_score(true_labels, predictions, average='macro')                      # 计算F1值

print(f'Validate Accuracy: {accuracy:.2f}%')
    print(f'Validate Precision: {100 * precision:.2f}%')
    print(f'Validate Recall: {100 * recall:.2f}%')
    print(f'Validate F1 Score: {100 * f1:.2f}%')

# 保存模型
model_name = 'model_val' + str(round(accuracy, 2)) + '.pth'       # 以准确率作为命名的一部分
model_save_path = os.path.join(r'.\model', model_name)
torch.save(model, model_save_path)
print(f'{model_name} saved.')
```

输出结果：

Validate Accuracy: 90.67%

Validate Precision: 90.73%

Validate Recall: 90.54%

Validate F1 Score: 90.23%

model_val90.67.pth saved.

可以看到模型首次训练后在验证集的准确率为 90.67%，并不令人满意。将学习率超参数改为 learning_rate = 0.001 后，再次训练模型并再次评估，得到如下结果：

Validate Accuracy: 95.78%

Validate Precision: 95.75%

Validate Recall: 95.64%

Validate F1 Score: 95.68%

model_val95.78.pth saved.

可以看到准确率提升为 95.78%，可见合适的超参数设置对模型结果的影响是极大的。

3. 模型最终评估

接下来，使用测试集进行最终评估，详见代码 1-11。

代码 1-11

```
# 使用测试集进行最终评估
model_path = os.path.join(r'.\model', 'model_val95.78.pth')   # 指定准确率最高的模型
model = torch.load(model_path)   # 加载最佳模型

model.eval()
```

```
with torch.no_grad():
    correct = 0
    predictions = torch.tensor([], dtype=torch.int)
    true_labels = torch.tensor([], dtype=torch.int)
    for images, labels in test_loader:
        outputs = model(images)
        _, predicted = torch.max(outputs.data, 1)
        predictions = torch.cat((predictions, predicted))
        true_labels = torch.cat((true_labels, labels))
        correct += (predicted == labels).sum().item()

    accuracy = 100 * correct / len(true_labels)
    precision = 100 * precision_score(true_labels, predictions, average='macro')
    recall = 100 * recall_score(true_labels, predictions, average='macro')
    f1 = 100 * f1_score(true_labels, predictions, average='macro')
    print(f'Test Accuracy: {accuracy:.2f}%')
    print(f'Test Precision: {precision:.2f}%')
    print(f'Test Recall: {recall:.2f}%')
    print(f'Test F1 Score: {f1:.2f}%')
```

输出结果：

Test Accuracy: 96.53%

Test Precision: 96.19%

Test Recall: 96.55%

Test F1 Score: 96.56%

4. 模型评估指标说明

准确率、精确率、召回率和 F1 分数是用于评估分类模型性能的最重要的指标，适用于二分类和多分类问题。其中，精确率和召回率是从混淆矩阵中计算而来的，混淆矩阵是用于衡量分类模型性能的常用工具，它可以将模型预测的结果按真实性分成四个类别：真正例 (True Positives, TP)、真负例 (True Negatives, TN)、假正例 (False Positives, FP) 和假负例 (False Negatives, FN)。四个类别的具体含义如下。

(1) 真正例：模型预测为正样本，并且实际也为正样本的数量。

(2) 真负例：模型预测为负样本，并且实际也为负样本的数量。

(3) 假正例：模型预测为正样本，但实际为负样本的数量。

(4) 假负例：模型预测为负样本，但实际为正样本的数量。

准确率、精确率、召回率和 F1 分数的说明如下。

(1) 准确率 (Accuracy)。准确率是分类正确的样本数量与总样本数量的比例，用于衡量

模型在整个数据集上的分类正确程度,即

$$准确率 = \frac{真正例 + 真负例}{总样本数}$$

(2) 精确率 (Precision)。精确率是指在模型预测为正类的样本中,实际为正类的比例,即正确预测为正类的样本数占所有预测为正类的样本数的比例,即

$$精确率 = \frac{真正例}{真正例 + 假正例}$$

(3) 召回率 (Recall)。召回率是指在实际为正类的样本中,被正确预测为正类的比例,即正确预测为正类的样本数占所有实际为正类的样本数的比例,即

$$召回率 = \frac{真正例}{真正例 + 假负例}$$

(4) F1 分数。F1 分数是精确率和召回率的调和平均数,综合考虑了模型的精确率和召回率,即

$$F1 = 2 \times \frac{精确率 \times 召回率}{精确率 + 召回率}$$

F1 分数越高,表示模型的性能越好。

这些指标的选择取决于具体问题的要求。在某些场景中,我们可能更关注精确率,比如垃圾邮件检测,我们更关心将正常邮件误判为垃圾邮件的情况。而在另一些场景中,我们可能更关注召回率,比如癌症检测,我们更关心将患者误判为健康的情况。F1 分数综合考虑了精确率和召回率,适用于综合考虑两者的场景。

另外,在多分类中,会使用"macro",使用方法见代码 1-10 和代码 1-11,其含义是对每个类别分别计算指标,然后取所有类别的指标的算术平均值。这种方法对每个类别平等对待,不考虑类别的样本数对计算结果的影响,适用于每个类别的贡献相同的情况。

项 目 总 结

相信读者在按照以上示例进行操作后,对数据加载和预处理、卷积神经网络搭建、模型训练及评估等深度学习的基础步骤已经有了初步的理解和掌握,并且能够独立完成一个简单的图像分析的计算机视觉任务。

但是,需要提醒读者的是,以上只是一个比较简单的示例,而深度神经网络的设计和调整是一个复杂的过程,需要不断地实验和优化。在此鼓励读者在这个基础上进行探索,调整网络结构和超参数,以便更好地理解深度学习的原理及效果。

目前,人工智能已是全球科技竞争的制高点,各国在不断地加大对人工智能技术领域的投入,以抢占下一次科技革命的先机。而我们已身处人工智能的大浪潮中,当鹰击长空,扬帆起航,学好本领,成为青年科技人才,积极投身到这场技术变革的时代洪流中!

1. 知识要点

为帮助读者回顾项目的重点内容,在此我们总结了项目中涉及的主要知识点:

(1) 图像数据集加载和预处理,包括数据集目录转换、数据读取 (ImageFolder)、数据预处理 (Compose)、数据划分 (train_test_split) 和数据加载 (DataLoader)。

(2) 深度神经网络的基本结构,包括卷积层、池化层、全连接层、激活函数层。

(3) 神经网络的搭建过程,包括定义卷积层、池化层、全连接层、激活函数层、卷积层块和 forward 函数。

(4) 选择适当的超参数,包括学习率、批次大小、迭代次数、激活函数、优化算法和卷积核大小及数量。

(5) 训练神经网络的步骤,包括模型实例化、训练设备选择、前向传播、计算损失、梯度计算、反向传播、更新参数和打印训练日志。

(6) 神经网络模型评估,包括模型切换到评估模式、各性能指标(准确率、精确率、召回率和 F1 分数)的说明与计算。

(7) 使用训练好的神经网络进行图像分类,包括模型的保存与加载、获取模型预测结果。

2. 经验总结

在搭建卷积神经网络时,有以下几个实用的建议可以帮助读者优化模型的性能和训练效率:

(1) 理解卷积神经网络的基本结构。深入理解卷积神经网络的基本结构,包括卷积层、池化层、全连接层以及激活函数层的作用和原理,对于合理设计网络架构至关重要。

(2) 超参数调优。学习率的选择很关键,可以尝试不同的初始学习率,并使用学习率衰减策略;当内存足够时,调高批次大小,可以加快训练速度;一般情况下,调高迭代次数可以提升模型的拟合精度,但需要设置合理的迭代停止阈值。

(3) 适当的激活函数选择。ReLU 激活函数通常是首选,但也可以尝试其他激活函数,如 Leaky ReLU、ELU 等,根据任务选择合适的激活函数。

(4) 批量归一化 (Batch Normalization)。在每个卷积层后添加批量归一化,有助于加速模型收敛,提高泛化性能。

(5) 适当的池化层选择。最大池化通常效果较好,但平均池化也可以尝试。尝试设置不同的池化层步幅和池化窗口大小,以平衡特征保留和降维效果。

(6) 使用预训练模型。使用预训练的模型作为基础网络,然后进行微调 (fine-tuning),可以加速训练过程并提高模型性能,特别是在数据集较小的情况下。

(7) 数据增强 (Data Augmentation)。对训练数据进行随机变换,如旋转、翻转、缩放等,以增加训练样本的多样性,避免过拟合。

项目 2
图像分类：基于 ResNet-18 的时尚商品识别

项目背景

图像分类是计算机视觉中的核心任务之一，主要是对输入的图像内容进行识别，从而确定图像属于哪个类别。图像分类也是计算机视觉中的基础任务，它为更复杂的任务(如目标检测、图像分割等)提供了基础。通过不断改进模型和数据集，图像分类在实际应用中取得了显著的进展，成为人工智能应用中一个重要的领域。

当前，国家正在推动产业升级，智能化是建设现代化产业体系的重要抓手之一，而图像分类技术作为计算机视觉的核心基础技术，在产业升级中发挥着重要的作用。例如，在品质控制与智能制造领域，图像分类可用于监测生产线上的产品，检测缺陷或问题；在医疗领域，图像分类可用于医学影像的自动分析，有助于提前发现疾病，改善医疗保健水平；在交通与物流优化领域，图像分类可用于交通管理和物流跟踪，提高运输效率；在农业现代化领域，图像分类可用于监测农作物生长，识别病虫害，提供精确的农业管理。

本项目正是通过对时尚商品的智能识别来进行图像分类实战，让读者体会图像分类在产业中的真实应用。

项目内容

本项目提供了一个典型的解决图像分类任务的示例。项目以 Fashion-MNIST 数据集和 ResNet-18 预训练模型为基础，详细介绍了如何对 ResNet-18 预训练模型进行微调，来完成对 Fashion-MNIST 数据集的图像分类任务。同时，项目还介绍了如何在 PyTorch 中应用数据增强，以提升模型泛化性；如何应用 TensorBoard 可视化工具，以帮助监控和可视化模型训练过程。

工程结构

图 2-1 是项目的主要文件和目录结构。其中，dataset 为存放数据集的目录，logs 为

存放 TensorBoard 日志文件的目录，model 为存放模型文件的目录。ResNet18.ipynb 和 ResNet18.py 为本项目的主要代码文件，两者内容一致，前者用于 jupyter 交互执行，更加直观；后者用于脚本执行，更加高效。

```
+-- Project2_ImageClassification/
| +-- dataset/
|   | +-- FashionMNIST/
| +-- logs/
| +-- model/
|   | -- model_val81.3.pth
|   | -- model_val90.05.pth
|-- RestNet18.ipynb
|-- RestNet18.py
```

图 2-1　项目的主要文件和目录结构

知识目标

(1) 掌握解决图像分类任务的基本步骤和实际操作技能。
(2) 为进一步深入学习更复杂的视觉任务打下坚实的基础。

能力目标

(1) 掌握 PyTorch 内置数据集的加载和预处理。
(2) 理解 ResNet-18 的基本结构和工作原理。
(3) 掌握 PyTorch 预训练模型的选择和微调方法。
(4) 掌握 TensorBoard 可视化工具的安装和使用。
(5) 熟练使用 ResNet-18 预训练模型进行图像分类。

任务2.1　认识数据集 Fashion-MNIST 和预训练模型 ResNet-18

本任务首先学习数据集 Fashion-MNIST 的来源、收集方式和组成结构，然后介绍 ResNet-18 模型的网络结构及特点，最后通过了解项目的工程结构来对项目有一个整体认识。

任务目标

(1) 了解数据集 Fashion-MNIST 的来源、收集方式和组成结构。

(2) 了解 ResNet-18 的网络结构及特点。

相关知识

2.1.1 数据集 Fashion-MNIST 介绍

Fashion-MNIST 是一个常用的图像分类数据集，旨在替代传统的手写数字数据集 MNIST，其每个样本都是一个特定类型的服装的灰度图像。

1. 数据集来源

数据集 Fashion-MNIST 是由 Zalando(德国时尚科技公司) 旗下的研究部门提供的。其涵盖了包含 10 种类别的共 7 万个不同商品的正面图像，每个类别有 7000 张图像，每张图像的分辨率为 28×28 像素。目前 Fashion-MNIST 已经内置到各个深度学习框架中，包括 PyTorch。

原始数据集按 60000/10000 的比例划分训练集和测试集数据，同时每个训练和测试样本都按照表 2-1 的类别进行了标注。

表 2-1 标注编号的含义

标注编号	含　　义
0	T-shirt/top(T 恤)
1	Trouser(裤子)
2	Pullover(套衫)
3	Dress(裙子)
4	Coat(外套)
5	Sandal(凉鞋)
6	Shirt(汗衫)
7	Sneaker(运动鞋)
8	Bag(包)
9	Ankle boot(踝靴)

2. 数据集展示

数据集①的样例展示如图 2-2 所示 (每个类别占三行)。

图 2-2　数据集样例展示

2.1.2　ResNet-18 模型简介

　　ResNet-18(Residual Network-18) 是深度卷积神经网络的一种架构，它是 ResNet 系列中的一员，由微软亚洲研究院的研究人员 Kaiming He 等四名华人于 2015 年提出[1]。ResNet 的设计是基于残差学习 (Residual Learning) 的思想，这一思想的提出在深度学习领

---

① 本项目的数据集引用自：The MIT License (MIT) Copyright © [2017] Zalando SE, https://tech.zalando.com.

域具有重大影响。

ResNet 的核心思想是通过引入残差块 (Residual Blocks) 和批量归一化 (Batch Normalization) 来解决深度神经网络训练时的梯度消失或爆炸和神经网络退化问题 (Degradation Problem)。传统的深度神经网络由于层数较深，在反向传播时，梯度可能变得非常小，导致网络难以训练。ResNet 通过在网络中引入跳跃连接 (Skip Connections) 来允许信息在不同层之间直接传递，从而减轻了这一问题。

残差块结构如图 2-3 所示。在残差块中，输入 x 在通过两个或多个卷积层 (图 2-3 中的 "weight layer") 后，与原始输入 x 相加，然后通过激活函数 ReLU 进行输出。这种直接的跨层连接使梯度在网络中更容易传播，减轻了梯度消失或爆炸问题，从而使得深层网络更容易训练。

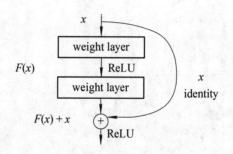

图 2-3 残差块结构示意图

ResNet-18 的主要特点包括以下方面：

(1) 深度。ResNet-18 包括 18 个层 (指的是带有权重的 18 层，包括卷积层和全连接层，不包括池化层和 BN 层)，因此属于相对较深的网络。这使得它在提取高级特征和模型的表达能力方面非常强大。

(2) 残差块。网络中的基本构建块是残差块，每个残差块包括两个卷积层，每个卷积层后面跟着一个批量归一化层 (Batch Normalization Layer) 和 ReLU 激活函数。跳跃连接将输入直接加到这些层的输出上，然后通过另一个 ReLU 激活函数。这样的设计不仅有助于缓解梯度消失问题，还能提高模型的泛化能力。

(3) 全局平均池化。ResNet-18 使用全局平均池化来减小特征图的尺寸，将每个特征图的平均值作为最终输出的特征表示。

(4) 多通道。ResNet-18 的输入可以是多通道的，适用于彩色图像等多通道数据。

(5) 预训练模型。ResNet-18 在大型图像数据集上进行了预训练。预训练的 ResNet-18 模型可以用作迁移学习的基础。

ResNet 在图像分类、物体检测、语义分割等计算机视觉任务中取得了卓越的成绩，并广泛应用于各种应用程序中。由于 ResNet-18 的网络结构相对较小，它通常比更大的 ResNet 变体 (如 ResNet-50) 更适合于计算资源受限的环境。不同 ResNet 变体的结构如图 2-4 所示，在实际应用中，需根据真实场景需求选择对应规模的 ResNet 变体。其中 "layer name" 代表网络层名称，"output size" 代表该层网络输出大小。

layer name	output size	18-layer	34-layer	50-layer	101-layer	152-layer
conv1	112×112	7×7, 64, stride 2				
conv2_x	56×56	3×3 max pool, stride 2				
		$\begin{bmatrix}3\times3, 64\\3\times3, 64\end{bmatrix}\times2$	$\begin{bmatrix}3\times3, 64\\3\times3, 64\end{bmatrix}\times3$	$\begin{bmatrix}1\times1, 64\\3\times3, 64\\1\times1, 256\end{bmatrix}\times3$	$\begin{bmatrix}1\times1, 64\\3\times3, 64\\1\times1, 256\end{bmatrix}\times3$	$\begin{bmatrix}1\times1, 64\\3\times3, 64\\1\times1, 256\end{bmatrix}\times3$
conv3_x	28×28	$\begin{bmatrix}3\times3, 128\\3\times3, 128\end{bmatrix}\times2$	$\begin{bmatrix}3\times3, 128\\3\times3, 128\end{bmatrix}\times4$	$\begin{bmatrix}1\times1, 128\\3\times3, 128\\1\times1, 512\end{bmatrix}\times4$	$\begin{bmatrix}1\times1, 128\\3\times3, 128\\1\times1, 512\end{bmatrix}\times4$	$\begin{bmatrix}1\times1, 128\\3\times3, 128\\1\times1, 512\end{bmatrix}\times8$
conv4_x	14×14	$\begin{bmatrix}3\times3, 256\\3\times3, 256\end{bmatrix}\times2$	$\begin{bmatrix}3\times3, 256\\3\times3, 256\end{bmatrix}\times6$	$\begin{bmatrix}1\times1, 256\\3\times3, 256\\1\times1, 1024\end{bmatrix}\times6$	$\begin{bmatrix}1\times1, 256\\3\times3, 256\\1\times1, 1024\end{bmatrix}\times23$	$\begin{bmatrix}1\times1, 256\\3\times3, 256\\1\times1, 1024\end{bmatrix}\times36$
conv5_x	7×7	$\begin{bmatrix}3\times3, 512\\3\times3, 512\end{bmatrix}\times2$	$\begin{bmatrix}3\times3, 512\\3\times3, 512\end{bmatrix}\times3$	$\begin{bmatrix}1\times1, 512\\3\times3, 512\\1\times1, 2048\end{bmatrix}\times3$	$\begin{bmatrix}1\times1, 512\\3\times3, 512\\1\times1, 2048\end{bmatrix}\times3$	$\begin{bmatrix}1\times1, 512\\3\times3, 512\\1\times1, 2048\end{bmatrix}\times3$
	1×1	average pool, 1000-d fc, softmax				
FLOPs		1.8×10^9	3.6×10^9	3.8×10^9	7.6×10^9	11.3×10^9

图 2-4 ResNet 不同变体的结构

任务2.2 TensorBoard的安装与使用

本任务首先简要介绍了 TensorBoard 的主要功能及其在深度学习中所起的作用,然后介绍了 TensorBoard 的安装步骤和使用方法。

任务目标

(1) 了解 TensorBoard 在深度学习中的作用。
(2) 掌握 TensorBoard 的安装和使用。

相关知识

2.2.1 TensorBoard 简介

TensorBoard 是一个优秀的用于可视化度量模型性能的工具,它提供了丰富的可视化功能,用于监控训练和评估过程、查看模型架构、分析损失和指标等,可以提高深度学习的效率。

TensorBoard 原本是内置在另一个流行的开源深度学习框架 TensorFlow 中的工具,后来经过多方的努力,其他深度学习框架也可以使用 TensorBoard 的功能,所以 PyTorch 同样支持 TensorBoard。TensorBoard 可视化工具包可以提供以下功能:

(1) 跟踪和可视化损失及准确率等指标。
(2) 可视化模型图 (操作和层)。
(3) 查看权重、偏差或其他张量随时间变化的直方图。
(4) 将嵌入向量投射到较低的维度空间。
(5) 显示图片、文字和音频数据。

2.2.2　TensorBoard 安装

TensorBoard 的安装非常简单，按照 PyTorch 官方文档说明，直接执行下面的命令安装即可 (在安装之前，有必要先激活项目 1 中创建的虚拟环境)，命令如下：

```
pip install tensorboardX
```

2.2.3　TensorBoard 使用

在 PyTorch 中使用 TensorBoard 进行训练过程和模型的可视化非常简单，只需要执行以下步骤。

(1) 导入必要的库。

在 PyTorch 代码中，导入必要的库：

```
from torch.utils.tensorboard import SummaryWriter
```

(2) 创建 SummaryWriter。

在代码中创建一个 SummaryWriter 对象，该对象负责将 PyTorch 的信息写入 TensorBoard 日志文件，创建命令如下：

```
writer = SummaryWriter('logs')
```

这里，'logs' 是一个目录，TensorBoard 将把日志文件写入该目录。

(3) 记录信息到 TensorBoard。

在循环训练任务中，使用 SummaryWriter 对象记录想要在 TensorBoard 中可视化的信息，以下是训练任务中最常用到的几种记录函数：

```
writer.add_scalar(tag='Loss/train',scalar_value=running_loss, global_step=epoch)
writer.add_image(tag='image',img_tensor=images, global_step=epoch)
writer.add_graph(model=resnet18, input_to_model=images)
```

使用 'add_scalar' 来记录标量 (如损失值、准确率等)。通过此记录可以直观地看到损失值、准确率等指标随 epoch 的变化。

使用 'add_image' 来记录图像。如果希望通过查看数据查找问题，或者通过查看样本以确保数据质量，则可以使用此方法。

使用 'add_graph' 来记录模型的结构和数据流。所有模型都可以看作是一个计算图，通过此方法进行可视化可以直观地了解模型的体系结构。

关于其他方法的使用，读者可以查阅官方文档或通过搜索引擎查询相关技术文档。

启动和查看 TensorBoard 有以下两种方法：

(1) 在浏览器中查看 TensorBoard。

打开一个终端，导航到包含日志目录的位置 (在本例中为 logs)，然后运行以下命令启动 TensorBoard：

```
tensorboard --logdir=logs
```

这将启动 TensorBoard 服务器，默认情况下在 http://localhost:6006 上查看。然后，打开 Web 浏览器，导航到 http://localhost:6006，就能够看到 TensorBoard 界面，并查看记录的信息。

(2) 在 jupyter 中查看 TensorBoard。

在 jupyter 运行以下命令启动 TensorBoard：

```
%load_ext tensorboard       # 加载 TensorBoard 扩展
%tensorboard --logdir logs  # 启动并在 jupyter 中展示 TensorBoard 页面
```

通过以上步骤，就可以使用 TensorBoard 来可视化 PyTorch 模型的训练过程，包括损失曲线、模型等，如图 2-5 所示。

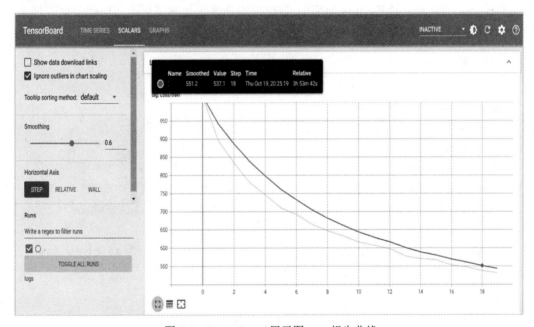

图 2-5　TensorBoard 展示图——损失曲线

任务2.3　模型训练与评估

本任务主要学习如何加载 PyTorch 内部集成的数据集、如何应用数据增强方法以及如何应用 PyTorch 的预训练模型 ResNet-18。

任务目标

(1) 掌握 PyTorch 内部集成的数据集的用法。
(2) 掌握 PyTorch 中图像数据增强的用法。
(3) 了解预训练模型和微调的概念。
(4) 掌握 PyTorch 中预训练模型 ResNet-18 的微调和评估方法。
(5) 掌握 PyTorch 中随机梯度下降 (SGD) 优化算法的用法。

相关知识

2.3.1 数据准备和预处理

在开始模型训练之前，需要下载内置到 PyTorch 中的 Fashion-MNIST 数据集，然后对训练数据集进行水平翻转、垂直翻转、随机旋转等数据增强预处理操作，最后加载数据集。

1. 下载和读取数据集

代码 2-1 将分别下载 Fashion-MNIST 数据集的训练集和测试集，并根据指定的目录存放，同时完成数据增强预处理操作。

代码 2-1

```
from torch.utils.data import DataLoader
from torchvision import datasets, transforms
# 数据预处理
train_transform = transforms.Compose([
    transforms.RandomHorizontalFlip(p=0.3),        # 以概率 30% 对图像进行水平翻转
    transforms.RandomVerticalFlip(p=0.3),          # 以概率 30% 对图像进行垂直翻转
    transforms.RandomRotation(degrees=30),         # 随机将图像旋转小于 30 度的角度
    transforms.ToTensor(),                         # 转换为 PyTorch 张量
    transforms.Normalize((0.5,), (0.5,))           # 以均值为 0.5、标准差为 0.5 进行归一化
])
test_transform = transforms.Compose([
    transforms.ToTensor(),                         # 转换为 PyTorch 张量
    transforms.Normalize((0.5,), (0.5,))           # 以均值为 0.5、标准差为 0.5 进行归一化
])

# 下载和读取数据集
train_dataset = datasets.FashionMNIST(
    root='./dataset',                              # 下载存放目录
    train=True,                                    # 读取训练数据集，False 则代表测试数据集
    transform=train_transform,                     # 对训练数据额外进行数据增强
```

```
    download=True              # 下载到本地
)
test_dataset = datasets.FashionMNIST(
    root='./dataset',
    train=False,
    transform=test_transform,
    download=True
)
```

数据增强 (Data Augmentation) 是深度学习中的一种重要技术，它通过对训练数据进行一系列随机变换和扩充来生成更多的训练样本，从而提高模型的性能和泛化能力。代码 2-1 对训练数据集进行了随机水平翻转、随机垂直翻转、随机旋转等数据增强操作，读者可以积极探索更多的数据增强方法，找到不同应用场景的适用数据增强方法。

2. 加载数据

代码 2-2 的功能为批量加载数据集，同时可以看到样本数据的通道为 1，即灰度图。

代码 2-2

```
# 批量加载数据集
train_loader = DataLoader(train_dataset, batch_size=32, shuffle=True)
test_loader = DataLoader(test_dataset, batch_size=32, shuffle=False)

# 查看单条数据的形状和类型
for X, y in test_loader:
    print(f"Shape of X [N, C, H, W]: {X.shape}")
    print(f"Shape of y: {y.shape} {y.dtype}")
    break
```

输出结果：

Shape of X [N, C, H, W]: torch.Size([32, 1, 28, 28])
Shape of y: torch.Size([32]) torch.int64

其中，[N, C, H, W] 中的 N 代表 batch_size 大小；C 代表通道数，此处为 1，即灰度图，若为 3 则代表 RGB 图；H 和 W 则分别代表图片的高和宽的大小。

2.3.2 定义模型和超参数

本小节将通过代码演示 ResNet-18 预训练模型的调用与根据数据集特征进行网络参数调整，并且对所用超参数作了说明。

1. 定义 ResNet-18 模型

代码 2-3 是一个 ResNet-18 预训练模型调用和调整的示例。

代码 2-3

```python
import torch.optim as optim
from torchvision import models

# 加载和调整 ResNet-18 模型
resnet18 = models.resnet18(weights=True)          # weights 为 True 时，将加载预训练的权重
resnet18.conv1 = nn.Conv2d(in_channels=1,         # 修改第一个卷积层的输入通道数为 1
                           out_channels=64,
                           kernel_size=7,
                           stride=2,
                           padding=3,
                           bias=False)
resnet18.fc = nn.Linear(
    in_features=resnet18.fc.in_features,          # 输入特征保持不变
    out_features=10)                              # 将全连接层的输出改为数据集的类别数

# 实例化模型并发送到计算设备上
device = torch.device("cuda" if torch.cuda.is_available() else "cpu") # 指定 GPU，若无则指定 CPU
resnet18 = resnet18.to(device)
```

torchvision.models 模块提供了一系列预训练的深度学习模型，用于图像分类、目标检测、语义分割和其他计算机视觉任务。这个模块使得调用现有的深度学习模型变得非常方便，无须从头开始构建模型，只需加载预训练的模型权重并进行微调即可。

预训练模型通常是指在大规模数据集(如 ImageNet 数据集)上进行训练的深度学习模型。这些数据集包含大量不同类别的图像，模型通过这些数据学到了各种特征和模式。预训练模型的权重包含了这些特征和模式的信息。

微调是将一个预训练模型应用于特定任务的过程，基本思想是保留预训练模型在底层特征提取方面的参数，而仅修改模型的高层表示，以适应新任务。微调一般包括修改预训练模型的第一层、最后一层或几层。

代码 2-3 则是首先加载了基于 ImageNet 大规模数据集预训练的 ResNet-18 模型，然后修改了第一层的输入通道(因数据集为灰度图，修改通道数为 1)和最后的全连接层的输出特征(因数据集的类别数为 10，修改输出为 10)这两个参数，来满足任务的要求。

2. 定义超参数

代码 2-4 是本项目初始定义的超参数。

代码 2-4

```python
# 定义超参数
num_epochs = 20
```

```
learning_rate = 0.001
criterion = nn.CrossEntropyLoss()          # 采用交叉熵损失函数
optimizer = optim.SGD(                     # 采用随机梯度下降优化算法
    resnet18.parameters(),
    lr=learning_rate,
    momentum=0.9          # momentum 允许模型在梯度更新方向上保持一定的历史信息,有助于加
速收敛并减小振荡
)
```

(1) batch_size 超参数设置的考虑。在代码 2-2 中,batch_size 决定了训练过程中完成每个 epoch 所需的时间和每次迭代之间梯度的平滑程度。batch_size 越大,训练速度则越快,相应内存占用也越大。因此,batch_size 参数值的设置取决于内存或显存的大小。

(2) epoch 超参数设置的考虑。在训练过程中,epoch 是指整个数据集在模型中经过完整训练的次数。epoch 的作用在于逐步提高模型的精度,直到达到一个相对稳定的水平。如图 2-6 所示,随着 epoch 的增大,loss 下降,模型精度会逐步提高,直到收敛到一个相对稳定的水平,这个时候再增加 epoch 会出现右侧的过拟合现象。一般情况下,我们可以根据数据集的大小和模型复杂度来初步确定 epoch 的大小。数据集越大、模型复杂度越高,所需的 epoch 数就越多,也需要更多的时间来学习数据集中的规律。

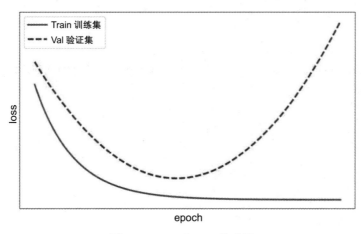

图 2-6　epoch 与 loss 关系图

(3) 优化算法超参数设置的考虑。代码 2-4 中的随机梯度下降 (Stochastic Gradient Descent,SGD) 算法是深度学习中最常用的优化算法之一,用于训练神经网络和调整模型参数以减小损失函数的值。SGD 的基本思想是在每次迭代中随机选择一小批训练样本来计算梯度并更新模型参数,而不是使用整个训练集。

SGD 的优点在于,由于每次迭代只使用一小批数据,所以通常比传统的梯度下降更快。这对于大规模数据集和深层神经网络特别有用。但由于随机性,SGD 的损失函数值可能波动较大,导致训练不稳定,学习率的选择和调整通常也需要较多的实验。

另外,在 SGD 的基础上,还有许多改进的优化算法,如带动量的 SGD、Adam、

RMSprop 等,它们在速度和稳定性方面表现更好,通常在实际应用中更受欢迎。

2.3.3 模型训练和评估

本小节将提供模型训练和评估的代码示例,包括模型训练过程、训练时的日志记录、模型验证和参数优化、模型保存等。同时,还将解释如何评估模型的性能,包括准确率、精确率、召回率和 F1 分数等。

1. 模型训练

代码 2-5 是模型训练的代码块,该代码块会把训练过程的损失值、训练后的模型结构和数据流记录到 TensorBoard。

代码 2-5

```python
from torch.utils.tensorboard import SummaryWriter

writer = SummaryWriter('logs')  # TensorBoard 将把日志文件写入 logs 目录

# 模型微调训练
for epoch in range(num_epochs):
    resnet18.train()  # 将模型设置为训练模式
    running_loss = 0.0

    for i,(images, labels) in enumerate(train_loader):
        images, labels = images.to(device), labels.to(device)  # 训练、标签数据送到计算设备
        optimizer.zero_grad()           # 清零梯度
        outputs = resnet18(images)      # 数据传入模型进行前向传播
        loss = criterion(outputs, labels)   # 计算损失
        loss.backward()                 # 反向传播,计算梯度
        optimizer.step()                # 更新参数
        running_loss += loss.item()     # 计算 loss 总和

    # 每个 epoch 打印 loss
    print(f'Epoch [{epoch + 1}/{num_epochs}], running_loss: {running_loss:.4f}')
    # 将每个 epoch 的训练 loss 记录到 TensorBoard
    writer.add_scalar('Loss/train', running_loss, epoch)
writer.add_graph(resnet18, images)  # 记录训练后模型的数据流和结构到 TensorBoard
```

输出结果:

Epoch [1/20], running_loss: 1018.6573

Epoch [2/20], running_loss: 896.2240

Epoch [3/20], running_loss: 834.9021

Epoch [4/20], running_loss: 780.0793
Epoch [5/20], running_loss: 746.4875
Epoch [6/20], running_loss: 710.7409
Epoch [7/20], running_loss: 691.9431
Epoch [8/20], running_loss: 664.8415
Epoch [9/20], running_loss: 647.0375
Epoch [10/20], running_loss: 633.1809
Epoch [11/20], running_loss: 616.2167
Epoch [12/20], running_loss: 606.9212
Epoch [13/20], running_loss: 597.5590
Epoch [14/20], running_loss: 577.4805
Epoch [15/20], running_loss: 570.4144
Epoch [16/20], running_loss: 567.7328
Epoch [17/20], running_loss: 552.5339
Epoch [18/20], running_loss: 547.6193
Epoch [19/20], running_loss: 537.0915
Epoch [20/20], running_loss: 531.7603

从输出结果可以看到，训练过程的损失值从 1018.6573 下降到 531.7603，图 2-5 正是此次输出结果在 TensorBoard 中的可视化，从图中可以更直观地查看损失值随 epoch 迭代的下降曲线。

打开 TensorBoard 后，点击"GRAPHS"可以查看训练后的模型结构和对应的数据输入、输出的情况，如图 2-7 所示。

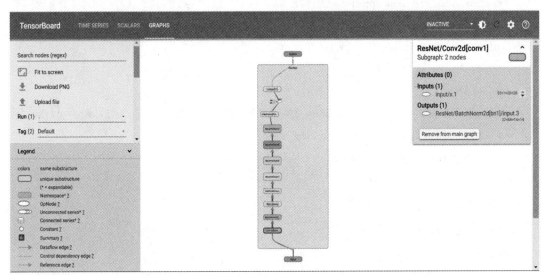

图 2-7　TensorBoard 展示图——模型结构和数据流

2. 模型评估

代码 2-6 是使用测试集对模型评估的代码块。

代码 2-6

```python
# 在测试集上评估模型
resnet18.eval() # 将模型切换到评估模式,模型的权重保持不变
with torch.no_grad(): # 关闭梯度自动计算
    correct = 0                                        # 定义预测准确数
    predictions=torch.tensor([], dtype=torch.int)      # 定义所有预测结果数组
    true_labels=torch.tensor([], dtype=torch.int)      # 定义所有真实结果数组
    for images, labels in test_loader:
        #images, labels = images.to(device), labels.to(device)
        images = images.to(device)
        outputs = resnet18(images).cpu()               # 前向传播
        _, predicted = torch.max(outputs.data, 1)      # 获取预测结果标签
        predictions=torch.cat((predictions, predicted))  # 合并预测结果
        true_labels=torch.cat((true_labels, labels))   # 合并真实结果
        correct += (predicted == labels).sum().item()  # 统计预测正确数

    accuracy = 100 * correct / len(true_labels)                              # 计算准确率
    precision = precision_score(true_labels, predictions, average='macro')   # 计算精确率
    recall = recall_score(true_labels, predictions, average='macro')         # 计算召回率
    f1 = f1_score(true_labels, predictions, average='macro')                 # 计算 F1 值
    print(f'Validate Accuracy: {accuracy:.2f}%')
    print(f'Validate Precision: {precision:.2f}%')
    print(f'Validate Recall: {recall:.2f}%')
    print(f'Validate F1 Score: {f1:.2f}%')

# 保存模型
model_name='model_val'+str(round(accuracy, 2))+'.pth' # 以准确率作为模型文件名的一部分,以便区分
model_save_path=os.path.join(r'.\model',model_name)
torch.save(resnet18, model_save_path)
print(f'{model_name} saved.')
```

输出结果:

Validate Accuracy: 90.05%

Validate Precision: 90.03%

Validate Recall: 90.05%

Validate F1 Score: 90.03%

model_val90.05.pth saved.

从输出结果可以看到，在训练 20 个 epoch 后模型的准确率为 90.05%，读者可以继续增大 epoch 再来评估模型，观察准确率等指标是否有所提升。

项 目 总 结

相信读者在按照以上代码示例进行操作后，对内置数据集的下载和预处理、ResNet-18 预训练模型的微调、TensorBoard 可视化工具等深度学习的重要技术应用已经有了初步的理解和掌握，并且能够独立完成预训练模型微调以适用计算机视觉的图像分类任务。

图像分类技术不仅能够提升现有产业的智能化水平，还能够促进新产业的发展和创新，是推动产业升级和转型的重要助力之一。在此鼓励读者在这个基础上进行探索，可以采用更深的网络如 ResNet-50 等，以便更好地理解深度学习的原理及效果。

1. 知识要点

为了帮助读者回顾本项目的重点内容，在此总结了项目中涉及的主要知识点：

(1) PyTorch 内置数据集的加载和预处理，包括训练集和测试集的下载、数据增强（水平翻转、垂直翻转、随机旋转）。

(2) ResNet-18 的网络结构，包括基础块、残差块、跳跃连接。

(3) TensorBoard 可视化工具的应用，包括安装、记录、启动、展示。

(4) 微调预训练模型，包括预训练模型的作用、预训练模型的加载、预训练模型输入和输出的调整。

(5) 随机梯度下降优化算法，包括其优缺点、对学习率的影响、momentum 参数的选择。

2. 经验总结

在实际应用中，有以下几个实用的建议可以帮助优化模型的性能和训练效率：

(1) 选择合适的预训练模型，即选择与任务和数据集相匹配的预训练模型。常见的预训练模型包括 ResNet、VGG、Inception、MobileNet 等，通常基于任务内容、数据集的大小和特点来选择架构，也就是说预训练模型的任务应与数据集的分布和目标任务相匹配。

(2) 使用较小的学习率微调模型。微调模型时，建议使用比训练初始的学习率小得多的学习率，以避免破坏预训练权重。

(3) 监控微调的性能。在微调期间，通过 TensorBoard 监控模型在验证集上的性能，可以使用准确率、损失函数值或其他相关指标来评估模型。如果性能不佳，则需尝试不同的学习率、微调更多层或调整其他超参数。

项目 3
目标检测：基于 YOLOv8 的口罩识别

 项目背景

目标检测是指在图像或视频中检测和定位出指定的目标，并确定目标的类别和位置。目标检测是计算机视觉领域中一个非常重要且具有挑战性的任务，它可以识别和定位图像中不同类别的物体，为图像理解提供基础信息，如物体的类别、位置、大小、姿态等。目标检测是许多其他计算机视觉任务的前提和组成部分，如实例分割、行为识别、图像描述生成、目标跟踪等，这些任务都需要先检测出图像中的目标。

目标检测具有广泛的应用价值，可以用于智能交通、智慧医疗、智能安防、自动驾驶、无人机导航等多个领域和场景，口罩识别就是其中一个典型的应用。口罩识别在疫情防控、公共场所管理等方面发挥着重要作用。在疫情防控期间，口罩成为公众日常防护的必备品，而口罩识别技术能够实时、准确地检测人们是否佩戴口罩，有效提升了公共卫生安全水平，保护了人们的生命健康，这是对民生福祉最基本的保障。

本项目正是通过对口罩的识别和定位来进行目标检测技术的实战。

 项目内容

本项目提供了一个典型的解决目标检测问题的示例。项目以开源口罩检测数据集和 YOLOv8 目标检测框架为基础，详细介绍了如何应用 YOLOv8 目标检测框架来完成对未戴口罩的目标检测任务。同时，项目还介绍了如何利用目标检测工具对样本数据进行标注，如何理解和应用 YOLOv8 中的数据增强技术。

 工程结构

图 3-1 是项目的主要文件和目录结构。其中，dataset 为存放数据集的目录，maskDetection_logs 为存放训练和评估日志文件的目录，model 为存放模型文件的目录，yolov8.ipynb 为本项目的模型训练与推理代码文件，其余文件为数据处理文件。

```
+-- Project3_ObjectDetection/
|+-- dataset/
|  |+-- label_sample/   # 标注样例数据
|  |  |+-- images/
|  |  |+-- json/   # XML 标签文件目录
|  |  |+-- labels/ # YOLO 标签文件目录
|  |+-- maskdataset/   # 样本数据集目录
|  |  |+-- images/
|  |  |+-- label/  # XML 标签文件目录
|  |  |+-- labels/ # YOLO 标签文件目录
|  |  |-- mask_detect.yaml
|+-- maskDetection_logs/
|+-- model/
|    |-- yolov8s.pt
|-- xml2yolo.py          # 代码 3-1
|-- copy_txt_files.py    # 代码 3-2
|-- data_load_and_show.ipynb  # 代码 3-3
|-- json2yolo.py         # 代码 3-4
|-- split_train_val.py   # 代码 3-5
|-- create_yaml.py       # 代码 3-6
|-- yolov8.ipynb         # 代码 3-7、3-8
```

图 3-1 项目的主要文件和目录结构

知识目标

(1) 掌握解决目标检测任务的基本步骤和实际操作技能。
(2) 了解 YOLOv8 的发展历史与原理。

能力目标

(1) 掌握目标检测数据集的预处理和可视化。
(2) 掌握数据标注工具 LabelMe 的安装和使用。
(3) 掌握 YOLOv8 目标检测模型的训练操作。
(4) 掌握 YOLOv8 目标检测模型的推理操作。

任务3.1 认识数据集和数据标注

本任务首先学习数据集的来源、标签文件格式转换和可视化展示,然后介绍数据标注工具 LabelMe 的安装和使用，最后通过了解项目的工程结构来对项目有一个整体认识。

任务目标

(1) 了解口罩检测数据集的来源、标签文件格式转换和可视化展示。
(2) 掌握数据标注工具 LabelMe 的安装和使用。

相关知识

3.1.1 数据集介绍

virus-mask-dataset 是一个公开在 Github 上的口罩检测数据集，可用于检测人员是否佩戴口罩。该数据集包含超过 3500 张已标注标签的图片，其中包括两类标签：mask(佩戴口罩)和 nomask(未佩戴口罩)；标签文件格式为 XML。

1. 数据集来源

virus-mask-dataset 数据集是在全球新型冠状病毒肆虐期间开源者基于互联网资源采集建立的，并向社会开放，为实现当时及今后可能的类似公共卫生安全事件的智能管控积累了数据资源。

2. 标签文件格式转换

因为口罩检测数据集的标签文件格式为 XML，在进行 YOLOv8 模型训练之前需要将标签文件转换为 YOLO 格式。代码 3-1 用于将数据集的所有 XML 格式的标签文件转换为 YOLO 格式的标签文件。

代码 3-1

```
# -*- coding: utf-8 -*-
import os
import tqdm
import glob
import xml.etree.ElementTree as ET

def convert(w,h,xmin,ymin,xmax,ymax):
    """
    根据输入的标签坐标属性转换为 YOLO 标注格式
    args:
        w (float): 图片 size 的宽
        h (float): 图片 size 的高
        xmin (float): 目标矩形框的 x 轴最小值
        ymin (float): 目标矩形框的 y 轴最小值
```

xmax (float): 目标矩形框的 x 轴最大值

ymax(float): 目标矩形框的 y 轴最大值

return:

(tuple):YOLO 标注格式——归一化后的标注矩形框中心坐标 (x,y) 和标注矩形框宽高 (w,h)
"""

center_x = (xmin + xmax) / 2.0
center_y = (ymin + ymax) / 2.0
bbox_width = xmax - xmin
bbox_height = ymax - ymin

# 归一化
dw = 1.0 / w
dh = 1.0 / h
x = center_x * dw
w = bbox_width * dw
y = center_y * dh
h = bbox_height * dh
return (x, y, w, h)

def xml2yolo(xml_file_path,yolo_save_dir):
    """
    把输入的 XML 格式标签文件转换为 YOLO 格式标签文件并保存到指定路径
    args:
        xml_file_path (str): XML 格式标签文件路径
        yolo_save_dir (str): YOLO 格式标签文件保存路径
    output:
        在指定的输出目录中生成输出文件
    """

file_name=xml_file_path.split('.')[0].split('\\')[-1] # 获取不带后缀的文件名
tree=ET.parse(xml_file_path) # 使用 ET.parse() 函数解析 XML 文件
xml_root = tree.getroot() # 获取 XML 树的根元素,以便从这开始查找 XML 结构

# 获取高和宽
size = xml_root.find('size')
w = int(size.find('width').text)
h = int(size.find('height').text)

# 完成格式转换并保存文件
yolo_file_path=os.path.join(yolo_save_dir,file_name+'.txt') # 定义保存 YOLO 格式标注坐标的文件路径
with open(yolo_file_path, 'w') as save_file:

```python
    for obj in xml_root.iter('object'):  # 'object' 代表所有被标注的对象
        cls = obj.find('name').text  # 获取标注名称
        if cls not in classes:
            print(' 类别不符合范围，类别为：', cls)
            continue
        cls_id = classes.index(cls)  # 根据标注名称获取标注名称的 ID
        xmlbox = obj.find('bndbox')  # 'bndbox' 包含标注框 xmin、ymin、xmax、ymax 等 4 个值
        xmin=float(xmlbox.find('xmin').text)
        xmax=float(xmlbox.find('xmax').text)
        ymin=float(xmlbox.find('ymin').text)
        ymax=float(xmlbox.find('ymax').text)
        yolo_format = convert(w, h, xmin, ymin, xmax, ymax)
        yolo_format_str = " ".join([str(a) for a in yolo_format])         # 转为字符串
        save_file.write(str(cls_id) + " " + yolo_format_str + '\n')       # 保存文件

if __name__ == '__main__':
    classes = ['mask','nomask']  # 类别列表，其中类别编号与 list 索引一一对应
    current_dir = os.path.dirname(__file__)  # 获取执行文件的当前路径
    # 如果是在交互式环境中运行，也可以使用下面的方式获取当前目录
    # current_directory = os.getcwd()

    xml_relative_path = r"dataset\maskdataset\label"
    yolo_relative_path = r"dataset\maskdataset\labels"
    xml_path = os.path.join(current_dir, xml_relative_path)          # XML 格式标签文件所在路径
    yolo_save_path = os.path.join(current_dir, yolo_relative_path)   # YOLO 格式标签文件保存路径

    print(" 转换开始 :")
    print(" 所有标签文件数：", len(glob.glob(xml_path + '\*')))
    xml_files = glob.glob(xml_path + '\*.xml')
    n=0
    for xml_file_path in tqdm.tqdm(xml_files):
        try:
            xml2yolo(xml_file_path, yolo_save_path)
            n+=1
        except Exception as e:
            print(e)
            print(" 报错标签文件：", xml_file_path)
    print(" 转换标签文件数：", n)
    print(" 转换结束 .")
```

输出结果：

转换开始：
所有标签文件数：3537
100%|████████████████| 3268/3268 [00:01<00:00, 2252.20it/s]
转换标签文件数：3268
转换结束.

从输出结果可以看到总共有 3537 个标签文件，但转换成功的只有 3268 个。我们到 XML 标签文件夹 (dataset\maskdataset\label) 中进行查看，可以看到剩下的标签文件原本就是 YOLO 格式的，因此下面通过执行代码 3-2 把 XML 标签文件夹 (dataset\maskdataset\label) 下的 txt 格式文件复制到 YOLO 标签文件夹 (dataset\maskdataset\labels) 下。

代码 3-2

```python
import shutil
import glob,os

# current_directory = os.path.dirname(__file__)
# 如果是在交互式环境中运行，也可以使用下面的方式获取当前目录
current_directory = os.getcwd()
old_label_dir=os.path.join(current_directory,r"dataset\maskdataset\label")
new_label_dir=os.path.join(current_directory,r"dataset\maskdataset\labels")

# 使用 shutil 的 copy2 方法复制文件
txt_lable_files = glob.glob(old_label_dir + '\*.txt')
n=0
for txt_file_path in txt_lable_files:
    try:
        shutil.copy2(txt_file_path, new_label_dir)
        n+=1
    except Exception as e:
        print(e)
        print(" 报错文件：", txt_file_path)
print(" 复制文件数：", n)
```

输出结果：

复制文件数：269

3. 数据样例展示

代码 3-3 是以 YOLO 标签文件格式为例，对标注的数据样例的展示。

代码 3-3

```python
import os
import cv2
import numpy as np
import matplotlib.pyplot as plt

# 数据集存放目录
images_path = r'.\dataset\label_sample\images'
labels_path = r'.\dataset\label_sample\labels'

type_object = '.txt'                               # Annotation 格式
classes = ['mask', 'nomask']                       # 类别名称列表
fig, axs = plt.subplots(1, 2, figsize=(12, 8))     # 定义 1*2 子图网格
num = 0                                            # 定义子图编号

for curDir, dirs, files in os.walk(images_path):   # 读取图片文件
    for file in files:
        file_name = file.split(".")[0]
        img_path = os.path.join(images_path, file)
        label_name = file_name + type_object
        label_path = os.path.join(labels_path, label_name)
        if os.path.exists(label_path) == True:  # 判断标签文件是否存在
            # 使用 imdecode 读取图片，可解决读取带中文路径报错的问题
            img = cv2.imdecode(np.fromfile(img_path, dtype=np.uint8), -1)  # CV2 读取通道顺序为 BGR
            w = img.shape[1]
            h = img.shape[0]

            img_tmp = img.copy()
            with open(label_path, 'r+', encoding='utf-8') as f:
                objects = f.readlines()
                for tangle in objects:
                    msg = tangle.strip().split(" ")
                    class_name = classes[int(msg[0])]  # 获取标签编码对应的标签名称
                    # 计算对象的左上角和右下角坐标
                    x1 = int((float(msg[1]) - float(msg[3]) / 2) * w)  # x_center - width/2
                    y1 = int((float(msg[2]) - float(msg[4]) / 2) * h)  # y_center - height/2
                    x2 = int((float(msg[1]) + float(msg[3]) / 2) * w)  # x_center + width/2
                    y2 = int((float(msg[2]) + float(msg[4]) / 2) * h)  # y_center + height/2

                    cv2.rectangle(img_tmp, (x1, y1), (x2, y2), (0, 0, 255), 2)  # 图像上绘制边界框
```

```
            cv2.putText(img_tmp, class_name, (x1, y1 - 5), cv2.FONT_HERSHEY_SIMPLEX
            , 2, (255, 255, 0),3)   # 图像上绘制标签名称

            b, g, r = cv2.split(img_tmp)          # 分别提取 B、G、R 通道
            img_tmp = cv2.merge((r, g, b))        # 重新组合为 RGB 顺序，即 plt 展示的默认顺序
            axs[num].imshow(img_tmp)              # 添加图片子图
            num += 1
        else:
            continue

# 显示图片
plt.show()
```

输出结果如图 3-2 所示，目标检测的对象由一个矩形框标注出来，并在矩形框上方显示标签名称。

图 3-2　数据样例展示

本项目的数据集引用自：The MIT License (MIT) Copyright © [2020]，akou,https://github.com/hikariming/virus-mask-dataset/blob/master/LICENSE.

3.1.2　数据标注工具介绍

数据标注是将未标记的原始数据赋予标签或注释的过程，通过数据标注，可以使机器学习算法更容易理解和处理。数据标注在计算机视觉领域中至关重要，数据标注的质量是影响算法效果的关键因素。本小节给读者介绍如何应用计算机视觉中常用的标注工具——LabelMe。

1. LabelMe 简介

LabelMe 是一款广泛应用于计算机视觉领域的开源图像数据标注工具。LabelMe 支持多种标注类型，包括矩形框、多边形、点标记等。这使得它适用于各种不同类型的图像

标注任务，如目标检测、语义分割和关键点检测。LabelMe 提供了友好的用户图形交互界面，使标注变得容易上手。同时，LabelMe 支持多个操作系统，包括 Windows、Linux 和 macOS。

2. LabelMe 安装

执行下面的安装命令进行 LabelMe 的安装，其中，最后一行注释的意思是也可以从官方网站下载单独的可执行文件，安装命令如下：

```
conda create --name=labelme python=3
conda activate labelme
pip install labelme
# or install standalone executable/app from:# https://github.com/wkentaro/labelme/releases
```

3. LabelMe 标注演示

安装完成后，执行下面的命令启动 LabelMe 界面。

```
labelme
```

(1) 选择需要标注的目录。

LabelMe 界面启动后，点击"Open Dir"，然后选中本项目的数据样例文件夹，最后点击"选择文件夹"，如图 3-3 所示。选中文件夹后，文件夹里所有待标注的图片会被加载并显示在主界面中。

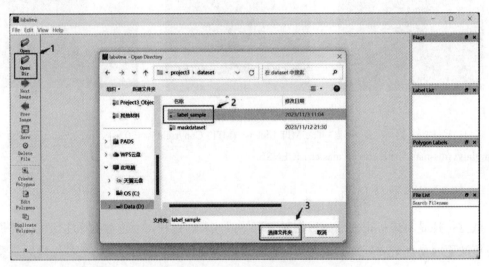

图 3-3 选中需标注的目录

(2) 更改标签文件的保存目录。

点击菜单栏中的"File"，然后在弹出的菜单列表中点击"Change Output Dir"，选中要保存到的文件夹，点击"选择文件夹"，如图 3-4 所示。因为 LabelMe 默认的标签保存格式为 JSON，所以保存目录命名为 json。

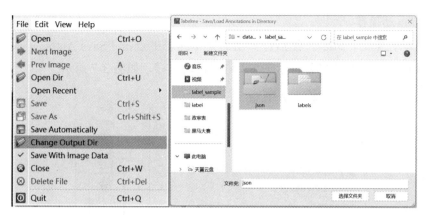

图 3-4　更改标签文件的保存目录

(3) 开始矩形框标注。

点击菜单栏中的"Edit",然后在弹出的菜单列表中点击"Create Rectangle",即选择矩形标注框,如图 3-5 所示。

接着在需要标注的图片上,在需要检测的目标对象左上角点击一下鼠标,然后在目标对象右下角再点击一下鼠标完成框注,在弹出的标签说明窗里输入(第一次标注的标签需输入)或选择标签名称(此示例 0 代表 mask,1 代表 nomask),如图 3-6 所示。

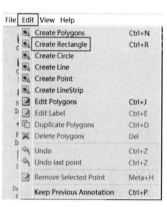

图 3-5　选择矩形标注框

图 3-6　进行标注并说明标签

(4) 设置自动保存。

点击菜单栏中的"File",然后在弹出的菜单列表中点击"Save Automatically",接着点击"Next Image",系统将会对标注结果进行自动保存,如图 3-7 所示。

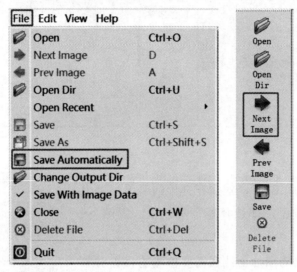

图 3-7　自动保存和点击下一张

(5) 标签文件格式转换。

标注完毕后,因为 LabelMe 默认的标签保存格式为 JSON,可通过代码 3-4 将 JSON 格式标签转换为 YOLO 格式。

代码 3-4

```
import json
import os
import glob
import tqdm

def convert(w,h, xmin, ymin, xmax, ymax):
    """
    根据输入的标签坐标属性转换为 YOLO 标注格式
    args:
        w (float): 图片 size 的宽
        h (float): 图片 size 的高
        xmin (float): 目标矩形框的 x 轴最小值
        ymin (float): 目标矩形框的 y 轴最小值
        xmax (float): 目标矩形框的 x 轴最大值
        ymax(float): 目标矩形框的 y 轴最大值
    return:
```

```
    (tuple):YOLO 标注格式——归一化后的标注矩形框中心坐标 (x,y) 和标注矩形框宽高 (w,h)
    """
    center_x = (xmin + xmax) / 2.0
    center_y = (ymin + ymax) / 2.0
    bbox_width = xmax - xmin
    bbox_height = ymax - ymin
    # 归一化
    dw = 1.0 / w
    dh = 1.0 / h
    x = center_x * dw
    w = bbox_width * dw
    y = center_y * dh
    h = bbox_height * dh
    return (x, y, w, h)


def json2yolo(json_file_path, yolo_dir):
    """
    把输入的 JSON 格式标签文件转换为 YOLO 格式标签文件并保存到指定路径
        args:
            json_file_path (str): JSON 格式标签文件路径
            yolo_dir (str): YOLO 格式标签文件保存路径
        output:
            在指定的输出目录中生成输出文件
    """
    file_name=json_file_path.split('.')[0].split('\\')[-1]  # 获取不带后缀的文件名
    yolo_txt_name = file_name + '.txt'
    yolo_save_path=os.path.join(yolo_dir, yolo_txt_name) # 定义 YOLO 标签文件存放的路径

    json_data = json.load(open(json_file_path, 'r', encoding='utf-8'))
    img_w = json_data['imageWidth']
    img_h = json_data['imageHeight']

    with open(yolo_save_path, 'w') as txt_file:
        for obj in json_data['shapes']:
            if obj['shape_type'] == 'rectangle':  # 分类的标签
                label=obj['label']
                xmin = float(obj['points'][0][0])
```

```python
            ymin = float(obj['points'][0][1])
            xmax = float(obj['points'][1][0])
            ymax = float(obj['points'][1][1])
            # 对坐标信息进行合法性检查
            if xmax <= xmin:
                print("Error: xmax <= xmin")
            elif ymax <= ymin:
                print("Error: ymax <= ymin")
            else:
                # JSON 坐标转换成 YOLO 坐标
                yolo_format = convert(img_w, img_h, xmin, ymin, xmax, ymax)
                yolo_format_str = " ".join([str(a) for a in yolo_format])  # 转为字符串
                txt_file.write(str(label) + " " + yolo_format_str + '\n')  # 保存文件


if __name__ == "__main__":
    # 获取当前脚本的相对目录
    current_dir = os.path.dirname(__file__)
    # 如果是在交互式环境中运行，也可以使用下面的方式获取当前目录
    # current_dir = os.getcwd()
    json_relative_path=r"dataset\label_sample\json"
    yolo_relative_path=r"dataset\label_sample\json"
    json_path = os.path.join(current_dir, json_relative_path)      # JSON 格式标签文件所在路径
    yolo_save_path = os.path.join(current_dir, yolo_relative_path) # YOLO 格式标签文件保存路径

    print(" 转换开始 :")
    print(" 所有文件数：", len(glob.glob(json_path + '\*')))
    json_files = glob.glob(json_path + '\*.json')
    n = 0
    for json_file_path in tqdm.tqdm(json_files):
        try:
            json2yolo(json_file_path, yolo_save_path)
            n += 1
        except Exception as e:
            print(e)
            print(" 报错文件：", json_file_path)
    print(" 转换文件数：", n)
    print(" 转换结束 .")
```

任务3.2 认识YOLOv8框架

本任务主要介绍 YOLOv8 框架的目标检测功能、原理、性能指标和安装。

任务目标

(1) 了解 YOLOv8 框架的基本原理。
(2) 掌握 YOLOv8 框架的安装。

相关知识

3.2.1 YOLOv8 目标检测框架简介

YOLO(You Only Look Once) 是一种基于深度学习的目标检测算法，它以速度快、准确率高而著称。YOLO 系列从 2015 年最初的 YOLO 开始，经历了多个版本的迭代，每个版本都有不同的改进和创新，截至 2024 年 2 月 18 日已发展到 YOLOv8 版本。

YOLOv8 由 Ultralytics 公司在 2023 年 1 月 10 日开源[2]，目前支持图像分类、目标检测、实例分割和关键点检测任务。按照官方描述，YOLOv8 是一个 SOTA 模型，在以前 YOLO 版本成功的基础上，进行了改进并引入了新的功能，进一步提升了性能和灵活性。Ultralytics 并没有直接将开源库命名为 YOLOv8，而是直接使用了 ultralytics 一词，将 ultralytics 定位为算法框架，不仅仅能够用于 YOLO 系列模型，也能够支持非 YOLO 模型以及分类分割姿态估计等各类任务。

YOLOv8(下面 YOLOv8 默认指的是其目标检测框架) 的精简设计使其适用于各种应用，并且可以轻松适应不同的硬件平台，从边缘设备到云 API，它都是目标检测任务的绝佳选择。同时，YOLOv8 提供在 COCO 数据集上预训练的不同规模参数的预训练检测模型，可以满足不同场景的需求，如表 3-1 所示。其中，"mAP val 50-95" 代表 IoU 阈值从 0.50 到 0.95 的所有类别上的平均精度 (Average Precision, AP) 的平均值。

YOLOv8 采用的是 Mosaic 数据增强方法。Mosaic 数据增强的基本思想是将四张不同的图像拼接成一张新的图像，将新图像作为模型的输入。拼接的过程中，需要保证每张图像的目标标签不变，同时调整图像和目标标签的位置和尺寸，如图 3-8 所示。

表 3-1　YOLOv8 不同规模模型参数说明

模型名称	尺寸/像素	mAP val 50-95	速度/ms CPU ONNX	速度/ms A100 TensorRT	参数数量/百万	每秒浮点运算次数/十亿
YOLOv8n	640	37.3	80.4	0.99	3.2	8.7
YOLOv8s	640	44.9	128.4	1.2	11.2	28.6
YOLOv8m	640	50.2	234.7	1.83	25.9	78.9
YOLOv8l	640	52.9	375.2	2.39	43.7	165.2
YOLOv8x	640	53.9	479.1	3.53	68.2	257.8

Mosaic 数据增强可以有效地提高训练数据集的多样性，增加模型对不同场景和目标的适应性，从而提高目标检测的准确率和鲁棒性。

aug_-319215602_0_-238783579.jpg　　aug_-1271888501_0_-749611674.jpg　　aug_1462167959_0_-1659206634.jpg

aug_1474493600_0_-45389312.jpg　　aug_1715045541_0_603913529.jpg　　aug_1779424844_0_-589696888.jpg

图 3-8　Mosaic 数据增强方法示例图 (来自于 YOLOv4 论文 [3])

YOLOv8 开源地址：https://github.com/ultralytics/ultralytics。

3.2.2　YOLOv8 目标检测的性能指标

性能指标是评估目标检测模型准确性和效率的关键工具。此外，这些性能指标还有助于了解模型的误报和漏报的情况。除了精确率、召回率和 F1 分数，目标检测中常用的性能指标还有以下几个。

1. IoU(Intersection over Union)

IoU 即交并比，是衡量算法产生的目标候选框 (Candidate Bound) 与原标记框 (Ground Truth Bound) 重叠程度的一个指标。IoU 的计算公式为

$$IoU = \frac{Intersection}{Union}$$

其中，Intersection 表示目标候选框与原标记框 (真实目标框) 的交集区域的面积，Union 表示二者的并集区域的面积，具体如图 3-9 所示。

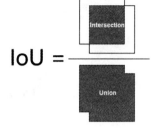

图 3-9　IoU 计算公式图示

2. P-R 曲线

P-R 曲线是以召回率作为横坐标、精确率作为纵坐标的二维曲线。P-R 曲线所围起来的面积就是 AP(Average Precision) 值，AP 值越高代表模型精度越高。

3. mAP(mean Average Precision)

mAP 即平均精确率的均值，是目标检测中最常用的一个综合性能指标。它首先计算每个类别的 AP，然后取所有类别的 AP 的均值作为最终的 mAP。mAP 能够更全面地评估模型在不同类别上的检测性能。

图 3-10 所示为 YOLOv8 训练器产生的 P-R 曲线图，图中显示了每个类别的 P-R 曲线和 AP 值，其中 "all classes 0.696 mAP@0.5" 表示在 IoU 阈值为 0.5 的情况下综合所有类别的 mAP 值为 0.696。

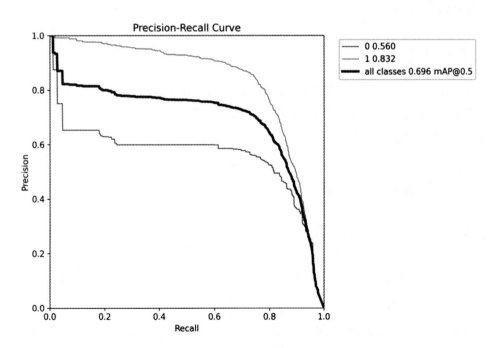

图 3-10　YOLOv8 训练器产生的 P-R 曲线图 (0 代表 mask，1 代表 nomask)

3.2.3 YOLOv8 的安装

YOLOv8 的安装非常简单，执行以下命令安装即可 (建议安装前先激活虚拟环境)：

pip install ultralytics

任务3.3　模型训练与评估

本任务主要学习如何预处理目标检测数据集、如何手动划分数据集以及如何应用 YOLOv8 进行目标检测的训练和推理。

任务目标

(1) 掌握标签文件 XML 格式转 YOLO 格式的用法。
(2) 掌握手动划分图像数据集的方法。
(3) 掌握生成 YOLOv8 配置文件的方法。
(4) 掌握 YOLOv8 目标检测的训练和调参。
(5) 掌握 YOLOv8 目标检测的推理。

相关知识

3.3.1 数据准备

任务 3.1 中已将口罩检测数据集 (virus-mask-dataset) 标签文件转换为 YOLO 格式，接下来对数据集进行训练验证对划分，并准备好数据配置文件。

1. 划分训练验证对

通过代码 3-5 对数据集进行训练验证对划分，同时把对应的文件路径保存到训练文件 train.txt 和验证文件 val.txt，为下一步操作做准备。

代码 3-5

```
import os
import random

# 定义图片数据文件路径
current_directory = os.path.dirname(__file__)
# 如果是在交互式环境中运行，也可以使用下面的方式获取当前目录
```

```python
# current_directory = os.getcwd()
img_dir = os.path.join(current_directory, r"dataset\maskdataset\images")

# 把所有的图片数据文件按照 4：1 比例划分为训练验证对
total_img_lst = os.listdir(img_dir)
train_percent = 0.8
num = len(total_img_lst)
train_num = int(num * train_percent)
train_img_list = random.sample(total_img_lst, train_num)  # 随机取 80% 数据为训练集
val_img_list = [img for img in total_img_lst if img not in train_img_list]

# 分别保存 train.txt 和 val.txt
train_txt_dir=r"dataset\maskdataset\train.txt"
val_txt_dir=r"dataset\maskdataset\val.txt"
train_txt_path = os.path.join(current_directory, train_txt_dir)
val_txt_path = os.path.join(current_directory, val_txt_dir)
with open(train_txt_path, 'w', encoding='utf8') as train_txt:
    for img in train_img_list:
        img_path = os.path.join(img_dir, img)  # 保存绝对路径
        train_txt.write(img_path + '\n')

with open(val_txt_path, 'w', encoding='utf8') as val_txt:
    for img in val_img_list:
        img_path = os.path.join(img_dir, img)  # 保存绝对路径
        val_txt.write(img_path + '\n')
print(" 总文件数：",len(total_img_lst))
print(" 训练文件数：",len(train_img_list))
print(" 验证文件数：",len(val_img_list))
```

输出结果：

总文件数：3539

训练文件数：2831

验证文件数：708

2. 创建 yaml 配置文件

通过代码 3-6 创建 yaml 配置文件，YOLOv8 模型训练时则根据此配置文件设置训练文件路径、验证文件路径、标签类别的数量和标签名称列表。

代码 3-6

```python
import os
import random

current_directory = os.path.dirname(__file__)
# 如果是在交互式环境中运行，也可以使用下面的方式获取当前目录
# current_directory = os.getcwd()
yaml_file=r"dataset\maskdataset\mask_detect.yaml"
yaml_file_path=os.path.join(current_directory,yaml_file)

train_txt_dir=r"dataset\maskdataset\train.txt"
val_txt_dir=r"dataset\maskdataset\val.txt"
train_txt_path = os.path.join(current_directory, train_txt_dir)
val_txt_path = os.path.join(current_directory, val_txt_dir)

with open(yaml_file_path, 'w',encoding='utf8') as data_yaml:
    data_yaml.write('train: ' + train_txt_path + '\n')   # 指定训练文件路径
    data_yaml.write('val: ' + val_txt_path + '\n')       # 指定验证文件路径
    data_yaml.write('nc: 2' + '\n')                       # 指定标签类别的数量
    data_yaml.write("names: ['0','1']" + '\n')            # 指定标签名称列表
```

3.3.2 模型训练

在 YOLOv8 目标检测框架中，模型训练过程已被封装为训练函数 train()，操作相对简单，详见代码 3-7。

代码 3-7

```python
from ultralytics import YOLO

model = YOLO('yolov8s.pt')                # 加载从官网下载的 s 规模预训练模型文件
data_yaml=r"dataset\maskdataset\mask_detect.yaml" # 定义数据集配置文件路径
results = model.train(
        data=data_yaml,
        task='detect',          # 训练任务为目标检测
        epochs=5,               # 训练迭代次数设置为 5
        imgsz=640,              # 图片大小设置为 640
        batch=16,               # batch_size 设置为 16
```

```
            device='cpu',                  # 设置训练设备为 CPU
            project='maskDetection_logs',  # 设置训练日志保存的路径名称
            optimizer='auto'               # 优化算法设置为自动选择
            )
```

输出结果如下：

第一部分：

engine\trainer: task=detect, mode=train, model=yolov8s.pt, data=dataset\maskdataset\mask_detect.yaml, epochs=5, patience=50, batch=16, imgsz=640, save=True, save_period=-1, cache=False, device=cpu, workers=8, project=maskDetection_logs, name=train5, exist_ok=False, pretrained=True, optimizer=auto, verbose=True, seed=0, deterministic=True, single_cls=False, rect=False, cos_lr=False, close_mosaic=10, resume=False, amp=True, fraction=1.0, profile=False, freeze=None, overlap_mask=True, mask_ratio=4, dropout=0.0, val=True, split=val, save_json=False, save_hybrid=False, conf=None, iou=0.7, max_det=300, half=False, dnn=False, plots=True, source=None, show=False, save_txt=False, save_conf=False, save_crop=False, show_labels=True, show_conf=True, vid_stride=1, stream_buffer=False, line_width=None, visualize=False, augment=False, agnostic_nms=False, classes=None, retina_masks=False, boxes=True, format=torchscript, keras=False, optimize=False, int8=False, dynamic=False, simplify=False, opset=None, workspace=4, nms=False, lr0=0.01, lrf=0.01, momentum=0.937, weight_decay=0.0005, warmup_epochs=3.0, warmup_momentum=0.8, warmup_bias_lr=0.1, box=7.5, cls=0.5, dfl=1.5, pose=12.0, kobj=1.0, label_smoothing=0.0, nbs=64, hsv_h=0.015, hsv_s=0.7, hsv_v=0.4, degrees=0.0, translate=0.1, scale=0.5, shear=0.0, perspective=0.0, flipud=0.0, fliplr=0.5, mosaic=1.0, mixup=0.0, copy_paste=0.0, cfg=None, tracker=botsort.yaml, save_dir=maskDetection\train5

	from	n	params	module	arguments
0	-1	1	928	ultralytics.nn.modules.conv.Conv	[3, 32, 3, 2]
1	-1	1	18560	ultralytics.nn.modules.conv.Conv	[32, 64, 3, 2]
2	-1	1	29056	ultralytics.nn.modules.block.C2f	[64, 64, 1, True]
3	-1	1	73984	ultralytics.nn.modules.conv.Conv	[64, 128, 3, 2]
4	-1	2	197632	ultralytics.nn.modules.block.C2f	[128, 128, 2, True]
5	-1	1	295424	ultralytics.nn.modules.conv.Conv	[128, 256, 3, 2]
6	-1	2	788480	ultralytics.nn.modules.block.C2f	[256, 256, 2, True]
7	-1	1	1180672	ultralytics.nn.modules.conv.Conv	[256, 512, 3, 2]
8	-1	1	1838080	ultralytics.nn.modules.block.C2f	[512, 512, 1, True]
9	-1	1	656896	ultralytics.nn.modules.block.SPPF	[512, 512, 5]
10	-1	1	0	torch.nn.modules.upsampling.Upsample	[None, 2, 'nearest']
11	[-1, 6]	1	0	ultralytics.nn.modules.conv.Concat	[1]
12	-1	1	591360	ultralytics.nn.modules.block.C2f	[768, 256, 1]
13	-1	1	0	torch.nn.modules.upsampling.Upsample	[None, 2, 'nearest']
14	[-1, 4]	1	0	ultralytics.nn.modules.conv.Concat	[1]

```
 15                -1  1     148224  ultralytics.nn.modules.block.C2f        [384, 128, 1]
 16                -1  1     147712  ultralytics.nn.modules.conv.Conv        [128, 128, 3, 2]
 17           [-1, 12] 1          0  ultralytics.nn.modules.conv.Concat      [1]
 18                -1  1     493056  ultralytics.nn.modules.block.C2f        [384, 256, 1]
 19                -1  1     590336  ultralytics.nn.modules.conv.Conv        [256, 256, 3, 2]
 20            [-1, 9] 1          0  ultralytics.nn.modules.conv.Concat      [1]
 21                -1  1    1969152  ultralytics.nn.modules.block.C2f        [768, 512, 1]
 22       [15, 18, 21] 1    2116822  ultralytics.nn.modules.head.Detect      [2, [128, 256, 512]]
```
Model summary: 225 layers, 11136374 parameters, 11136358 gradients, 28.6 GFLOPs

---

第二部分：

Transferred 355/355 items from pretrained weights

TensorBoard: Start with 'tensorboard --logdir maskDetection\train5', view at http://localhost:6006/

Freezing layer 'model.22.dfl.conv.weight'

train: Scanning D:\CV\Preject3_ObjectDetection\project3\dataset\maskdataset\labels... 2667 images, 164 backgrounds, 0 corrupt: 100%|

train: New cache created: D:\CV\Preject3_ObjectDetection\project3\dataset\maskdataset\labels.cache

val: Scanning D:\CV\Preject3_ObjectDetection\project3\dataset\maskdataset\labels... 660 images, 48 backgrounds, 0 corrupt: 100%|

val: New cache created: D:\CV\Preject3_ObjectDetection\project3\dataset\maskdataset\labels.cache

Plotting labels to maskDetection_logs\train5\labels.jpg...

optimizer: 'optimizer=auto' found, ignoring 'lr0=0.01' and 'momentum=0.937' and determining best 'optimizer', 'lr0' and 'momentum' automatically...

optimizer: AdamW(lr=0.001667, momentum=0.9) with parameter groups 57 weight(decay=0.0), 64 weight(decay=0.0005), 63 bias(decay=0.0)

Image sizes 640 train, 640 val

Using 0 dataloader workers

Logging results to maskDetection_logs\train5

第三部分：

Starting training for 5 epochs...

```
  Epoch    GPU_mem   box_loss   cls_loss   dfl_loss  Instances       Size
    1/5         0G      1.893       1.67      1.581         61        640: 100%| 177/177 [47:21<00:00, 1
           Class     Images  Instances      Box(P          R      mAP50  mAP50-95): 100%| 23/23 [03:12
             all        708       1979       0.62      0.565      0.562      0.262
```

……

```
Epoch    GPU_mem   box_loss  cls_loss  dfl_loss  Instances    Size
 5/5       0G       1.679     1.115     1.395       71        640: 100%| 177/177 [49:22<00:00, 1
         Class    Images   Instances  Box(P)      R       mAP50   mAP50-95): 100%| 23/23 [03:27
          all      708       1979     0.618    0.786     0.689    0.348
```
5 epochs completed in 4.684 hours.
Optimizer stripped from maskDetection_logs\train5\weights\last.pt, 22.5MB
Optimizer stripped from maskDetection_logs\train5\weights\best.pt, 22.5MB

第四部分：

```
Validating maskDetection\train5\weights\best.pt...
Ultralytics YOLOv8.0.203  Python-3.8.5 torch-2.0.1+cpu CPU (12th Gen Intel Core(TM) i7-1255U)
Model summary (fused): 168 layers, 11126358 parameters, 0 gradients, 28.4 GFLOPs
         Class    Images   Instances  Box(P)      R       mAP50   mAP50-95): 100%| 23/23 [02:50
          all      708       1979     0.672    0.757     0.696    0.363
           0       708        262     0.573    0.718     0.56     0.317
           1       708       1717     0.771    0.796     0.832    0.41
```
Speed: 1.7ms preprocess, 207.8ms inference, 0.0ms loss, 0.6ms postprocess per image
Results saved to maskDetection_logs\train5

YOLOv8 训练过程的输出非常丰富，在此把训练过程输出分为四部分：

(1) 第一部分为超参数与网络结构展示。可以看到，YOLOv8 训练器有众多参数，除了训练函数 train() 中指定的参数值，其他参数值皆为默认值。对于诸多参数的具体作用，感兴趣的读者可到官方文档网页去查阅。yolov8s.pt 目标检测模型总共有 225 层网络、11 136 374 个参数、28.6 GFLOPs，是一个层数比较深的神经网络。

(2) 第二部分为数据加载与优化器选择。这一部分主要显示扫描和加载的训练数据集和验证数据集的数量和大小；以及根据参数自动选择的 AdamW 优化器，学习率为 0.001 667。

(3) 第三部分为训练指标和结果展示。这一部分首先展示了每个训练 epoch 的训练情况，可以看到每个 epoch 有两行信息，分别为训练 (train) 和验证 (val) 的信息。以第 1 个 epoch 为例：

第一行的训练 (train) 信息中，"GPU_mem" 代表模型与数据所占的 GPU 显存大小。"box_loss" 表示框回归损失，用于衡量目标检测模型中预测框位置与真实框位置之间的差异。box_loss 越低表示模型越能够准确地预测目标的位置。"cls_loss" 表示类别分类损失，用于衡量目标检测模型对不同类别进行分类的准确性。cls_loss 越低表示模型区分不同类别的精度越高。"dfl_loss" 表示分布焦点损失，用于处理类别不平衡问题的损失函数，使网络在训练时更好地调整类别不平衡的影响。以上 3 个损失函数组合在一起，构成了一个综合的 YOLOv8 目标检测模型的损失函数。"177"表示 1 个 epoch 里训练的批次数量，计算方式为：向上取整 (训练集样本数 /batch_size)，即 (2667+164)/16，向上取整后得到 177。"47:21"表示当前 epoch 训练耗时为 47 分钟 21 秒。

第二行的验证 (val) 信息中，表示的意思是在验证集 708 张图片 (Images)、1979 个实例 (Instances) 上，对于所有 (all) 类别 (Class) 的框 (Box) 的验证结果分别是精确率 (P) 为 0.62、召回率 (R) 为 0.565、在 IoU 阈值为 0.5 时 mAP(mAP50) 为 0.562、在 IoU 阈值为 0.5 到 0.95 时的 mAP(mAP50-90) 为 0.262。

一般情况下，mAP50 和 mAP50-95 会随着 epoch 的增大而提升，直到触发训练停止条件而停止训练，然后保存最佳模型文件 best.pt。

另外，可以看到，在个人电脑 CPU 环境下，仅仅是训练 5 个 epoch 就需要 4.684 小时，有条件的话建议使用 GPU 进行训练。如果只是为了调试或学习，也可以减少训练样本，以减少训练时间。

(4) 第四部分为最佳模型的验证评估。这一部分首先展示了最佳模型 best.pt 在验证集上的评估指标，与训练时不同的是，此处还展示了每个类别的评估指标。这里同样重点关注 mAP50 和 mAP50-95 指标，以针对性能指标低的类别进行优化。

其次，需要重点关注的是"Speed 部分"，每张图片的前处理 (Preprocess) 耗时 1.7 毫秒，推理 (Inference) 耗时 207.8 毫秒，后处理 (Postprocess) 耗时 0.6 毫秒。响应时间对于需要实时目标检测的场景至关重要。

最后，训练过程中产生的所有文件保存在"maskDetection_logs\train5"路径下。

3.3.3 模型推理

代码 3-8 是使用训练完的最佳模型来对测试数据进行推理识别的代码。

代码 3-8

```
model = YOLO(r'maskDetection_logs\train5\weights\best.pt')   # 加载训练的最佳模型
results = model('./dataset/label_sample/images',              # 待推理预测图片
        project='maskDetection_logs',                          # 设置训练日志保存的路径名称
        save=True,            # 保存推理结果图片
        save_txt=True,        # 保存推理结果到标签文件
        save_conf=True,       # 保存置信度到标签文件 ( 每行最后的小数 )
        imgsz=640,            # resize 图片大小，越大预测效果越好，但推理时长越长
        conf=0.4              # 只输出超过置信度的推理结果
)
```

输出结果：

image 1/3 D:\CV\Preject3_ObjectDetection\project3\dataset\label_sample\images\20231122153125.jpg: 640x480 1 0, 408.1ms

```
image 2/3 D:\CV\Preject3_ObjectDetection\project3\dataset\label_sample\images\20231122153253.jpg:
640x480 1 0, 459.3ms
image 3/3 D:\CV\Preject3_ObjectDetection\project3\dataset\label_sample\images\20231122153730.jpg:
640x512 1 1, 437.6ms
Speed: 6.0ms preprocess, 435.0ms inference, 1.8ms postprocess per image at shape (1, 3, 640, 512)
Results saved to maskDetection_logs\predict
3 labels saved to maskDetection_logs\predict\labels
```

从输出结果可以看到，对3个测试样本进行推理识别，分别检测到1个标签为"0"的目标、1个标签为"0"的目标和1个标签为"1"的目标。从保存识别结果路径"maskDetection_logs\predict"里可以看到识别结果如图3-11所示，其中左上角数据代表标签，右上角数据代表置信度。

(a) 20231122153125.jpg

(b) 20231122153253.jpg

(c) 20231122153730.jpg

图3-11 模型推理识别结果

项 目 总 结

相信读者在按照以上代码示例进行操作后，对数据标注工具的使用、目标检测类型数据的预处理和可视化、YOLOv8目标检测的模型训练与推理等目标检测的重要技术应用已经有了初步的理解和掌握，并且能够独立完成目标检测任务。

同时，在此鼓励读者在此基础上进行探索，采用更大的epoch进行结果比对，研究YOLOv8不同训练参数对识别结果的影响，以便更好地理解目标检测的原理及效果。

口罩识别技术的应用生动地展示了科技如何服务于社会，如何与国家的发展目标相结合，以及如何在实际行动中体现社会主义核心价值观。除此之外，目标检测也可以为人民群众提供更多更好的数字公共服务，如智能安防、智慧医疗、智能教育、智能交通等，可以有效提升人民群众的获得感、幸福感、安全感，是构筑人民高品质美好生活的重要举措。

1. 知识要点

为帮助读者回顾项目的重点内容,在此总结了项目中涉及的主要知识点:

(1) 目标检测数据集的预处理,包括 JSON 格式转 YOLO 格式、XML 格式转 YOLO 格式、数据集可视化、数据集手动划分。

(2) 数据标注工具的 LabelMe 安装和使用。

(3) YOLOv8 目标检测的全流程任务,包括安装、创建 yaml 配置文件、模型训练及调参、模型推理。

2. 经验总结

目标检测应用如果想要达到良好的训练效果且具有泛化性,数据集的准备非常关键。对于数据集的准备,有以下几个建议:

(1) 数据多样性。样本数据能够代表所要真实应用的场景,包含来自不同季节、一天中不同时间、不同天气、不同照明、不同角度、不同来源(在线抓取、本地收集、不同相机)等的图像。在数量上,建议每类图像达到 1500 张以上,每类标记对象达到 10000 个实例以上。

(2) 标签准确性。标注时,标注框必须紧密地包围每个对象,对象与其标注框之间不应存在空隙。必须标注所有图像中所有类的所有对象,不能有遗漏。

(3) 增加背景图像。背景 (Background) 图像是指没有实例对象的图像。建议数据集中有大约 0~10% 的背景图像来帮助减少误报 (FP)。背景图像不需要标签。

项目 4
图像分割：基于 YOLOv8-seg 的宠物猫实例分割

  项目背景

图像分割是计算机视觉领域中的一个重要任务，其目标是将输入图像划分为具有语义相似性的区域或对象。与目标检测不同，图像分割要求对图像中的每个像素都进行分类，使得相同类别的像素具有相同的标签。

图像分割主要分为两种类型：一种是语义分割 (Semantic Segmentation)，目标是为图像中的每个像素分配一个语义类别，而不考虑物体的边界，这意味着图像中同一类别的所有像素都被标记为相同的标签；另一种是实例分割 (Instance Segmentation)，除了为图像中的每个像素分配语义类别外，还要为每个独立的物体实例分配唯一的标识符。实例分割更加精细，它既具备语义分割的特点——像素层面上的分类，也具备目标检测的特点——定位出不同实例，即使它们是同一种类。

本项目旨在利用 YOLOv8 的实例分割任务框架，实现宠物猫实例分割的任务。宠物猫是现代人们生活中重要的情感寄托，而实例分割技术在宠物护理、行为分析等方面的应用有助于更好地理解和照顾宠物需求，促进人宠和谐共处。

  项目内容

本项目提供了一个典型的解决实例分割问题的示例。具体来说，我们将使用 YOLOv8-seg 模型在猫咪宠物数据集上进行训练，然后对在输入图片中检测到的宠物猫进行实例分割，以区分不同的个体。项目以自制猫咪宠物数据集和 YOLOv8 框架为基础，详细介绍了如何进行实例分割数据的标注、如何使用 YOLOv8-seg 模型在猫咪宠物数据集上进行训练和如何使用已训练模型进行预测并分析预测结果。

  工程结构

图 4-1 是项目的主要文件和目录结构。其中，datasets 为存放数据集的目录；model

为存放模型文件的目录；labelmeSegJson2yolo.ipynb 用于将 LabelMe 的 JSON 格式转为 YOLOv8-seg 要求的格式；yolov8-seg.ipynb 为本项目的主要代码文件，包含数据准备、模型训练、模型推理等内容。

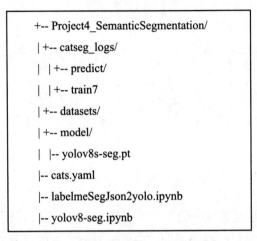

图 4-1　项目的主要文件和目录结构

知识目标

(1) 了解图像分割的定义与类型。
(2) 理解语义分割与实例分割的区别。
(3) 了解图像分割在各行业的应用。
(4) 掌握实例分割任务的流程与操作。

能力目标

(1) 掌握实例分割数据标注技能。
(2) 掌握实例分割数据集的处理。
(3) 掌握 YOLOv8-seg 模型的训练及评估。
(4) 掌握 YOLOv8-seg 模型的推理及分析。

任务4.1　实例分割数据集准备

本任务主要介绍数据集的背景、LabelMe 工具的分割标注和标注格式的转换。

项目 4　图像分割：基于 YOLOv8-seg 的宠物猫实例分割

任务目标

(1) 掌握 LabelMe 工具的分割标注。
(2) 掌握实例分割标注格式的转换。

相关知识

4.1.1　数据集介绍

本项目使用的猫咪宠物数据集是由本书作者采集和使用 LabelMe 工具标注而成的，在此开放供读者学习使用。该数据集包含 326 张已标注的图片，基本涵盖了宠物猫在室内的日常生活场景。

4.1.2　数据集标注

猫咪宠物数据集同样使用 LabelMe 工具进行标注。在项目 3 中已经介绍过 LabelMe 工具的安装和基本使用，不再赘述。在此重点介绍实例分割的标注过程。

1. 设置图片目录和保存目录

按照项目 3 中的 LabelMe 工具使用教程，设置图片目录、保存目录和自动保存。

2. 选择多边形标注框

在需要标注的图片上，选择右击鼠标，在弹出的菜单列表中点击"Create Polygons"，即选择多边形标注框，如图 4-2 所示。

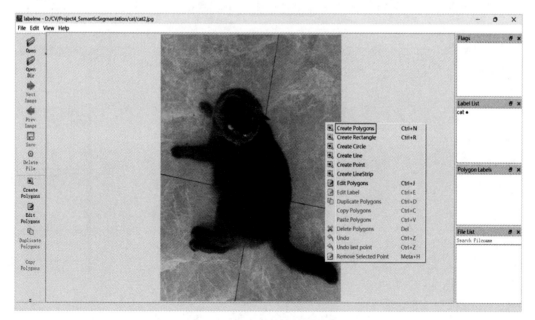

图 4-2　选择多边形标注框

3. 完成多边形标注

沿着需要标注的目标轮廓，依次点击鼠标，形成一个多边形闭合区域，将目标对象紧紧包围（在此过程中可适当用鼠标滚轮把图片放大）。在最后一个坐标点与第一个坐标点连接后，在弹出的输入框中输入标签名称，即完成一个实例的分割标注。具体如图4-3所示。

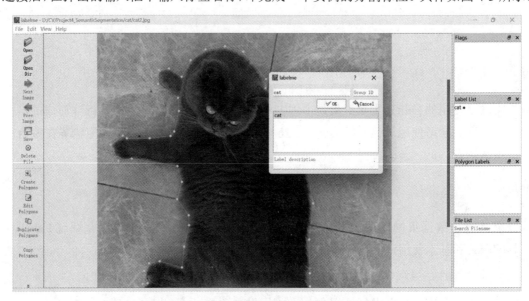

图4-3 进行多边形标注并设置标签名称

4. 标注结果调整（可选）

当需要对标注结果进行微调时，可在标注界面右侧的"Polygon Labels"框中，单击选中需调整的标签对象。选中后，可对已标注的坐标点进行拖拉调整，也可在多边形标注框上单击增加坐标点，再进行拖拉调整。具体如图4-4所示。

图4-4 标注结果调整

另外，如需修改标签名称，可在标注界面右侧的"Polygon Labels"框中双击选中需修改的标签对象，在弹出的标签名称输入框中进行修改即可。

为保证标注效果，提高分割算法的准确性和鲁棒性，在标注过程中需要注意以下几点：

(1) 准确标注对象边界。目标对象的边界必须被准确地标注出来，以确保分割算法能够正确地识别对象的轮廓。标注人员应详细阅读标注任务说明，理解数据需求，确保标注结果的准确性。

(2) 避免过大的遮挡和重叠。当图像中的对象存在遮挡或重叠时，需要特别注意标注的准确性；对于遮挡或重叠超过 1/2 的样本应该做舍弃处理，遮挡或重叠的区域过大可能会导致算法难以区分不同的实例。

(3) 不能存在漏标。确保图像中每个对象实例都被标注出来，以便算法能够正确地识别和区分它们。

(4) 保持标注一致性。在整个数据集中保持标注的一致性非常重要。任务发布者需要对标注任务进行明确的定义和说明，以确保不同标注者的标注结果一致。

4.1.3 数据预处理

LabelMe 的标注结果文件为 JSON 格式，需要转换为 yolov8-seg 的格式。yolov8-seg 的格式如下：

<class-index> <x1> <y1> <x2> <y2> ... <xn> <yn>

其中，class-index 代表标签类别的索引，xn 代表坐标点 n 的 x 轴归一化值，yn 代表坐标点 n 的 y 轴归一化值。格式转换代码如代码 4-1 所示。

代码 4-1

```python
# -*- coding: utf-8 -*-
import os,json

# 获取当前工作目录
current_dir = os.getcwd()
json_relative_path=r"datasets\cats\jsons"
yolo_relative_path=r"datasets\cats\labels"
jsons_path = os.path.join(current_dir, json_relative_path)      # JSON 格式标签文件所在路径
yolos_path = os.path.join(current_dir, yolo_relative_path)      # YOLO 格式标签文件保存路径

label_dict={'cat':'0'}  # 定义标签索引词典
print(" 转换开始 :")
print(" 所有标签文件数：", len(os.listdir(jsons_path)))

n = 0
for json_file in os.listdir(jsons_path):
```

```python
try:
    # 获取 json 数据
    file_name_pre=json_file.split('.json')[0]
    with open(os.path.join(jsons_path,json_file), 'r') as jf:
        data = json.load(jf)
        height = data["imageHeight"]
        width = data["imageWidth"]

        for item in data["shapes"]: # 遍历每一个分割子类
            # 将标签名称转换为 YOLO 格式
            label=item["label"]
            if label in label_dict.keys():
                label_id=label_dict.get(label)
            yolo_str = label_id+" "
            # 将坐标转换为 YOLO 格式
            points = item["points"]
            for point in points:
                xn=point[0]/width   # 坐标点 x 值归一化
                yn=point[1]/height  # 坐标点 y 值归一化
                yolo_str=yolo_str+str(xn)+" "+str(yn)+" "
            yolo_str = yolo_str[:-1]+"\n"

        # 将 YOLO 格式文本内容写入到 txt 标注文件
        file_name_pre=json_file.split('.json')[0]
        with open(os.path.join(yolos_path,file_name_pre+'.txt'), 'w') as f:
            f.write(yolo_str)
        n += 1

except Exception as e:
    print(e)
    print(" 报错标签文件：", json_file)
print(" 转换标签文件数：", n)
print(" 转换结束 .")
```

任务4.2　YOLOv8-seg 模型训练

本任务主要介绍 YOLOv8-seg 实例分割模型的基础情况及其训练与调优。

任务目标

(1) 了解不同规模参数的 YOLOv8-seg 模型。
(2) 掌握 YOLOv8-seg 模型的训练与调优。

相关知识

4.2.1 YOLOv8-seg 模型简介

在项目 3 中已经介绍过，YOLOv8 目前支持图像分类、目标检测、实例分割和关键点检测任务。其中，YOLOv8 实例分割模型使用 -seg 后缀。YOLOv8 实例分割同样提供不同规模参数的预训练模型，具体如表 4-1 所示。其中，YOLOv8n-seg 为默认实例分割模型，"mAPbox 50-95"代表 IoU 阈值从 0.50 到 0.95 的目标检测所有类别上的平均精度 (Average Precision, AP) 的平均值，"mAPmask 50-95"代表 IoU 阈值从 0.50 到 0.95 的实例分割所有类别上的平均精度 (Average Precision, AP) 的平均值。

不同规模的模型适用于不同场景，需要综合考虑精度要求、计算资源和响应速度等因素。

表 4-1 YOLOv8-seg 不同规模模型参数说明

模型名称	尺寸 /像素	mAPbox 50-95	mAPmask 50-95	速度 /ms CPU ONNX	速度 /ms A100 TensorRT	参数数量 /百万	每秒浮点 运算次数 /十亿
YOLOv8n-seg	640	36.7	30.5	96.1	1.21	3.4	12.6
YOLOv8s-seg	640	44.6	36.8	155.7	1.47	11.8	42.6
YOLOv8m-seg	640	49.9	40.8	317	2.18	27.3	110.2
YOLOv8l-seg	640	52.3	42.6	572.4	2.79	46	220.5
YOLOv8x-seg	640	53.4	43.4	712.1	4.02	71.8	344.1

另外，YOLOv8 框架的安装请参考项目 3 中 3.2.3 节的内容。

4.2.2 YOLOv8-seg 模型训练

YOLOv8 实例分割模型的训练与 YOLOv8 目标检测模型训练过程类似，按以下 3 个步骤完成。

1. 划分训练验证对

通过代码 4-2 对数据集进行训练验证对划分，同时把对应的文件路径保存到训练文件 train.txt 和验证文件 val.txt，为模型训练做准备。

代码 4-2

```python
import os
import random

# 定义图片数据文件路径
current_directory = os.path.dirname(__file__)
# 如果是在交互式环境中运行，也可以使用下面的方式获取当前目录
# current_directory = os.getcwd()
img_dir = os.path.join(current_directory, r"datasets\cats\images")

# 把所有的图片数据文件按照 4：1 比例划分为训练验证对
total_img_lst = os.listdir(img_dir)
train_percent = 0.8
num = len(total_img_lst)
train_num = int(num * train_percent)
train_img_list = random.sample(total_img_lst, train_num)  # 随机取 80% 数据为训练集
val_img_list = [img for img in total_img_lst if img not in train_img_list]

# 分别保存 train.txt 和 val.txt
train_txt_dir=r"datasets\cats\train.txt"
val_txt_dir=r"datasets\cats\val.txt"
train_txt_path = os.path.join(current_directory, train_txt_dir)
val_txt_path = os.path.join(current_directory, val_txt_dir)
with open(train_txt_path, 'w', encoding='utf8') as train_txt:
    for img in train_img_list:
        img_path = os.path.join(img_dir, img)  # 保存绝对路径
        train_txt.write(img_path + '\n')

with open(val_txt_path, 'w', encoding='utf8') as val_txt:
    for img in val_img_list:
        img_path = os.path.join(img_dir, img)  # 保存绝对路径
        val_txt.write(img_path + '\n')
print("总文件数：",len(total_img_lst))
print("训练文件数：",len(train_img_list))
print("验证文件数：",len(val_img_list))
```

输出结果：

总文件数：326

训练文件数：260

验证文件数：66

2. 创建 yaml 配置文件

运行代码 4-2 后，通过代码 4-3 创建 yaml 配置文件。YOLOv8-seg 模型进行训练时根据此配置文件设置训练数据文件路径、验证数据文件路径、标签类别的数量和标签名称列表。

代码 4-3

```
with open('cats.yaml', 'w',encoding='utf8') as data_yaml:
    data_yaml.write('train: ' + train_txt_path + '\n')    # 指定训练数据文件路径
    data_yaml.write('val: ' + val_txt_path + '\n')        # 指定验证数据文件路径
    data_yaml.write('nc: 1' + '\n')                       # 指定标签类别的数量
    data_yaml.write("""names:
 0: cat""")                                               # 指定标签名称及对应索引
```

3. 训练模型

在 YOLOv8 框架中，模型训练过程被封装为训练函数 train()，操作相对简单，详见代码 4-4。

代码 4-4

```
from ultralytics import YOLO

device = torch.device("cuda" if torch.cuda.is_available() else "cpu")   # 指定 GPU，若无则指定 CPU
model = YOLO('./model/yolov8s-seg.pt')                                  # 加载下载的 s 规模预训练模型文件
data_yaml="'cats.yaml"                                                  # 定义数据集配置文件路径
results = model.train(
        data=data_yaml,
        task='segment',             # 训练任务为实例分割
        epochs=300,                 # 训练迭代次数设置为 300
        imgsz=640,                  # 图片大小设置为 640
        batch=16,                   # batch_size 设置为 16
        device=device ,             # 设置训练设备为指定设备
        project=catseg_logs',       # 设置训练日志保存的路径名称
        optimizer='auto'            # 优化算法设置为自动选择
        )
```

输出结果：

Ultralytics YOLOv8.0.208 Python-3.11.5 torch-2.1.0+cu121 CUDA:0 (NVIDIA GeForce RTX 4060 Ti, 16380MiB)
engine\trainer: task=segment, mode=train, model=./model/yolov8s-seg.pt, data=cats.yaml, epochs=300, patience=50, batch=16, imgsz=640, save=True, save_period=-1, cache=False, device=None, workers=8,

project=catseg_logs, name=train2, exist_ok=False, pretrained=True, optimizer=auto, verbose=True, seed=0, deterministic=True, single_cls=False, rect=False, cos_lr=False, close_mosaic=10, resume=False, amp=True, fraction=1.0, profile=False, freeze=None, overlap_mask=True, mask_ratio=4, dropout=0.0, val=True, split=val, save_json=False, save_hybrid=False, conf=None, iou=0.7, max_det=300, half=False, dnn=False, plots=True, source=None, show=False, save_txt=False, save_conf=False, save_crop=False, show_labels=True, show_conf=True, vid_stride=1, stream_buffer=False, line_width=None, visualize=False, augment=False, agnostic_nms=False, classes=None, retina_masks=False, boxes=True, format=torchscript, keras=False, optimize=False, int8=False, dynamic=False, simplify=False, opset=None, workspace=4, nms=False, lr0=0.01, lrf=0.01, momentum=0.937, weight_decay=0.0005, warmup_epochs=3.0, warmup_momentum=0.8, warmup_bias_lr=0.1, box=7.5, cls=0.5, dfl=1.5, pose=12.0, kobj=1.0, label_smoothing=0.0, nbs=64, hsv_h=0.015, hsv_s=0.7, hsv_v=0.4, degrees=0.0, translate=0.1, scale=0.5, shear=0.0, perspective=0.0, flipud=0.0, fliplr=0.5, mosaic=1.0, mixup=0.0, copy_paste=0.0, cfg=None, tracker=botsort.yaml, save_dir=catseg_logs\train7

Overriding model.yaml nc=80 with nc=1

	from	n	params	module	arguments
0	-1	1	928	ultralytics.nn.modules.conv.Conv	[3, 32, 3, 2]
1	-1	1	18560	ultralytics.nn.modules.conv.Conv	[32, 64, 3, 2]
2	-1	1	29056	ultralytics.nn.modules.block.C2f	[64, 64, 1, True]
3	-1	1	73984	ultralytics.nn.modules.conv.Conv	[64, 128, 3, 2]
4	-1	2	197632	ultralytics.nn.modules.block.C2f	[128, 128, 2, True]
5	-1	1	295424	ultralytics.nn.modules.conv.Conv	[128, 256, 3, 2]
6	-1	2	788480	ultralytics.nn.modules.block.C2f	[256, 256, 2, True]
7	-1	1	1180672	ultralytics.nn.modules.conv.Conv	[256, 512, 3, 2]
8	-1	1	1838080	ultralytics.nn.modules.block.C2f	[512, 512, 1, True]
9	-1	1	656896	ultralytics.nn.modules.block.SPPF	[512, 512, 5]
10	-1	1	0	torch.nn.modules.upsampling.Upsample	[None, 2, 'nearest']
11	[-1, 6]	1	0	ultralytics.nn.modules.conv.Concat	[1]
12	-1	1	591360	ultralytics.nn.modules.block.C2f	[768, 256, 1]
13	-1	1	0	torch.nn.modules.upsampling.Upsample	[None, 2, 'nearest']
14	[-1, 4]	1	0	ultralytics.nn.modules.conv.Concat	[1]
15	-1	1	148224	ultralytics.nn.modules.block.C2f	[384, 128, 1]
16	-1	1	147712	ultralytics.nn.modules.conv.Conv	[128, 128, 3, 2]
17	[-1, 12]	1	0	ultralytics.nn.modules.conv.Concat	[1]
18	-1	1	493056	ultralytics.nn.modules.block.C2f	[384, 256, 1]
19	-1	1	590336	ultralytics.nn.modules.conv.Conv	[256, 256, 3, 2]
20	[-1, 9]	1	0	ultralytics.nn.modules.conv.Concat	[1]

```
 21                -1  1    1969152  ultralytics.nn.modules.block.C2f           [768, 512, 1]
 22        [15, 18, 21] 1   2770931  ultralytics.nn.modules.head.Segment         [1, 32, 128, [128, 256, 512]]
```
YOLOv8s-seg summary: 261 layers, 11790483 parameters, 11790467 gradients, 42.7 GFLOPs

Transferred 411/417 items from pretrained weights

TensorBoard: Start with 'tensorboard --logdir catseg_logs\train7', view at http://localhost:6006/

Freezing layer 'model.22.dfl.conv.weight'

AMP: running Automatic Mixed Precision (AMP) checks with YOLOv8n...

AMP: checks passed

train: Scanning D:\CV\Project4_SemanticSegmentation\datasets\cats\labels... 260 images, 0 backgrounds, 0 corrupt: 100%|

train: New cache created: D:\CV\Project4_SemanticSegmentation\datasets\cats\labels.cache

val: Scanning D:\CV\Project4_SemanticSegmentation\datasets\cats\labels... 66 images, 0 backgrounds, 0 corrupt: 100%|

val: New cache created: D:\CV\Project4_SemanticSegmentation\datasets\cats\labels.cache

Plotting labels to catseg_logs\train7\labels.jpg...

optimizer: 'optimizer=auto' found, ignoring 'lr0=0.01' and 'momentum=0.937' and determining best 'optimizer', 'lr0' and 'momentum' automatically...

optimizer: AdamW(lr=0.002, momentum=0.9) with parameter groups 66 weight(decay=0.0), 77 weight(decay=0.0005), 76 bias(decay=0.0)

Image sizes 640 train, 640 val

Using 8 dataloader workers

Logging results to catseg_logs\train7

Starting training for 300 epochs...

```
      Epoch    GPU_mem   box_loss   seg_loss   cls_loss   dfl_loss  Instances       Size
      1/300     4.92G     0.5925     1.411      2.248      1.081        14          640: 100%| 17/17 [00:05
                 Class    Images  Instances    Box(P         R       mAP50   mAP50-95)  Mask(P      R     mAP50   mAP50-95)
                  all       66        73       0.749      0.696      0.753     0.553     0.64    0.589   0.617     0.377
......
      Epoch    GPU_mem   box_loss   seg_loss   cls_loss   dfl_loss  Instances       Size
     280/300    4.92G    0.2281     0.2578     0.1934     0.8507       11          640: 100%| 17/17 [00:03
                 Class    Images  Instances    Box(P         R       mAP50   mAP50-95)  Mask(P      R     mAP50   mAP50-95)
                  all       66        73       0.984      0.986      0.994     0.974    0.984   0.986   0.994     0.984
```

Stopping training early as no improvement observed in last 50 epochs. Best results observed at epoch 230, best model saved as best.pt.

> To update EarlyStopping(patience=50) pass a new patience value, i.e. `patience=300` or use `patience=0` to disable EarlyStopping.
>
> 280 epochs completed in 0.342 hours.
> Optimizer stripped from catseg_logs\train7\weights\last.pt, 23.9MB
> Optimizer stripped from catseg_logs\train7\weights\best.pt, 23.9MB
>
> Validating catseg_logs\train7\weights\best.pt...
> Ultralytics YOLOv8.0.208 Python-3.11.5 torch-2.1.0+cu121 CUDA:0 (NVIDIA GeForce RTX 4060 Ti, 16380MiB)
> YOLOv8s-seg summary (fused): 195 layers, 11779987 parameters, 0 gradients, 42.4 GFLOPs
>
> | Class | Images | Instances | Box(P | R | mAP50 | mAP50-95) | Mask(P | R | mAP50 | mAP50-95) |
> |---|---|---|---|---|---|---|---|---|---|---|
> | all | 66 | 73 | 0.986 | 0.978 | 0.994 | 0.98 | 0.986 | 0.978 | 0.994 | 0.985 |
>
> Speed: 0.2ms preprocess, 3.9ms inference, 0.0ms loss, 0.5ms postprocess per image
> Results saved to catseg_logs\train7

YOLOv8-seg 模型训练的输出比 YOLOv8 目标检测的输出多了以下两个关于分割的指标：

一是每个 epoch 输出信息中的"seg_loss"，即分割损失，它用于衡量预测分割图与真实分割图之间的差异程度，seg_loss 越低表示模型越能够准确地预测分割的位置。

二是每次验证 (Validating) 的结果指标中的掩膜 (Mask) 的精确率 (P)、召回率 (R)、mAP50 和 mAP50-95，其含义与 Box(P R mAP50 mAP50-95) 一致。在实例分割任务中，掩膜用于标记每个实例的位置，即每个目标对象的像素级别边界。通过使用掩膜，可以实现对目标对象的像素级别的精确分割。如图 4-5 所示为实例对象 (cat) 的掩膜可视化展示。

图 4-5 实例对象 (cat) 的掩膜的可视化展示

另外，此次使用了型号为 NVIDIA GeForce RTX 4060 Ti 的 GPU 显卡进行训练，epoch 设置为 300，在第 280 个 epoch 时，因过去的 50(由参数 patience=50 控制) 个 epoch 内性能无提升，故触发了早停 (Early Stopping)，总耗时 0.342 小时。

早停是一种深度学习训练时常用的正则化技术，用于防止模型在训练过程中过拟合。其基本思想是在训练过程中监视模型在验证集上的性能指标，在性能无提升或下降时停止训练，以防止模型过拟合。

如图 4-6 所示，在 YOLOv8-seg 模型训练过程中，保存训练结果的文件夹通常包含以下文件：

(1) "weights" 文件夹：存储训练过程中保存的模型权重文件。其中包含以下文件：

① "best.pt"：在验证集上性能最好的模型权重文件，通常用于模型的推理和评估。

② "last.pt"：训练过程中最后一个 epoch 保存的模型权重文件，通常用于从断点继续训练。

(2) "args.yaml"：参数文件，保存了训练过程中的参数及对应的值。

(3) 检测框 (Box) 与掩膜 (Mask) 的性能指标曲线图文件：

① "*P_curve.png"：精确率曲线是在不同置信度阈值下绘制的精确率值的曲线，展示了精确率随着阈值变化的情况。通过观察精确率曲线，可以了解在不同阈值下模型的精确率如何变化。

② "*R_curve.png"：召回率曲线是在不同置信度阈值下绘制的召回率值的曲线，展示了在不同置信度阈值下召回率的变化情况。通过观察召回率曲线，可以了解在不同阈值下模型的召回率表现如何变化。

③ "*F1_curve.png"：绘制 F1 曲线时，横轴表示分类阈值，纵轴表示 F1 分数。与 P-R 曲线类似，F1 曲线越靠近右上角，表示模型的性能越好。在 F1 曲线上，可以选择合适的阈值来平衡精确率和召回率，以满足特定的应用需求。与 P-R 曲线相比，F1 曲线更加简洁直观，因为它将精确率和召回率综合考虑，提供了一个综合性能评估指标。

④ "*PR_curve.png"：绘制 P-R 曲线时，横轴表示召回率，纵轴表示精确率。曲线越靠近右上角，表示模型的性能越好。

(4) 标签属性可视化文件：

① "labels.jpg"：从左往右排列的宫格分别展示了训练集的数据量、框的尺寸和数量、中心点相对于整幅图的位置以及图中目标对象的高宽比例分布情况。

② "labels_correlogram.jpg"：展示了在训练过程中对标签属性之间相关性的建模情况。每个矩阵单元代表模型训练时使用的标签，颜色深浅反映了对应标签属性之间的相关性。

(5) 训练和验证过程中样本数据可视化文件：

① "train_batch*.jpg"：训练过程中的可视化图片，显示了训练过程中 3 个 batch 的输入图片。

② "val_batch*.jpg"：验证过程中的可视化图片，显示了验证过程中 3 个 batch 的输入图片、标签和模型预测结果。

(6)"results.csv"与"results.png":"results.csv"记录了每个 epoch 的训练结果与验证集上的性能指标，如损失值、mAP 等；"results.png"则是训练结果与验证集上性能指标的可视化图片。

(7)"events.out.tfevents.*"：TensorBoard 事件文件，记录了训练过程中的损失值、学习率变化等信息，用于可视化训练过程。

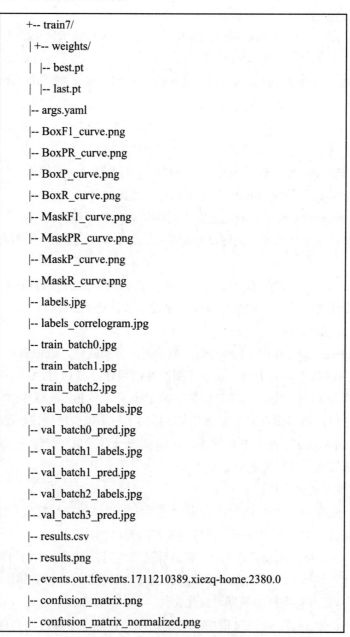

图 4-6　YOLOv8-seg 模型训练结果保存目录结构

我们可以利用上述文件中的训练结果评估模型的精度是否达到要求，若未达标则需要通过增强样本数据、提升数据集质量、调整参数等方式进行优化。

任务4.3 YOLOv8-seg 模型推理

本任务主要学习模型推理、推理结果分析和推理结果提取等技术，完成实例分割的推理应用实战。

任务目标

(1) 掌握 YOLOv8-seg 模型的推理命令。
(2) 掌握对模型推理结果的可视化分析。
(3) 掌握模型推理结果的提取。

相关知识

4.3.1 模型推理结果可视化

代码 4-5 是使用训练完的最佳模型来对测试数据进行推理识别。

代码 4-5

```
model = YOLO(r'catseg_logs\train7\weights\best.pt')        # 加载训练的最佳模型
results = model('./datasets/cats/test/20240312194637.jpg', # 待推理预测图片
                project='catseg_logs',   # 设置训练日志保存的路径名称
                save=True,               # 保存推理结果图片
                imgsz=640,               # resize 图片大小，越大预测效果越好，但推理时长越长
                conf=0.3                 # 只输出超过置信度的推理结果
                )
```

输出结果：

image 1/1 D:\CV\Project4_SemanticSegmentation\datasets\cats\test\20240312194637.jpg: 608x640 2 cats, 504.0ms
Speed: 4.9ms preprocess, 504.0ms inference, 10.1ms postprocess per image at shape (1, 3, 608, 640)
Results saved to catseg_logs\predict

根据输出结果，可到"catseg_logs\predict"路径查看模型推理结果图片。

如图 4-7 所示，从左到右分别是 epoch 为 10、50、300 时的最佳模型对同一测试数据进行推理的结果。

从图 4-7(a) 可以看到，当 epoch 设置为 10 时，模型未经过充分训练，推理结果出现

了欠拟合现象——掩膜和检测框未全部覆盖目标对象,且置信度不高,皆未达到 0.8。

从图 4-7(b) 可以看到,当 epoch 设置为 50 时,模型经过更多 epoch 训练后,两个目标对象的掩膜和检测框皆能很好地覆盖目标对象,且置信度皆提高到了 0.9 以上,但可以看到出现了一个误报——墙边黑色踢脚线和袋子黑色部分被误识别为猫,这说明模型依然尚未充分地学习到样本特征。

从图 4-7(c) 可以看到,当 epoch 设置为 300 时,误报已消失,两个目标对象的掩膜和检测框皆能很好地覆盖目标对象,且置信度皆提高到了 0.9 以上,说明模型有较好的准确性和鲁棒性。

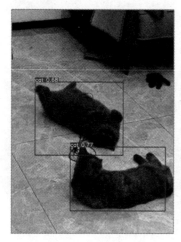 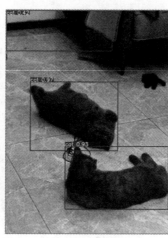 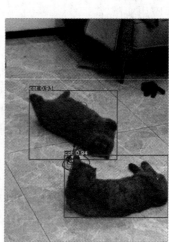

(a) epoch=10　　　　　　(b) epoch=50　　　　　　(c) epoch=300

图 4-7　模型推理识别结果可视化

4.3.2　模型推理结果获取

代码 4-6 是获取模型对测试数据进行推理识别的结果。

代码 4-6

```
# 推理结果获取
for result in results:                    # 每个 result 代表一张测试图片的推理结果
    file_name=result.path.split('\\')[-1]
    print(' 测试文件名称:'+file_name)      # 测试图片名称
    for i in range(len(result.boxes)):
        print(f' 第 {i+1} 个识别对象的检测框坐标:',boxes[i].xywhn.numpy()[0])   # 输出检测框坐标,格式为 xywhn,也可指定为 xywh、xyxy、xyxyn
        print(f' 第 {i+1} 个识别对象的掩膜坐标:',masks[i].xyn[0])              # 输出掩膜坐标,格式为 xyn
        print(f' 第 {i+1} 个识别对象的置信度:',boxes[i].conf.numpy()[0])       # 输出置信度
        print('---------------------------------------')
```

输出结果:

测试文件名称:20240312194637.jpg

```
第 1 个识别对象的检测框坐标：[  0.37701   0.30231   0.57529   0.46981]
第 1 个识别对象的掩膜坐标：[[  0.31563   0.073524] ...... [  0.34844   0.073524]]
第 1 个识别对象的置信度：0.9439728
---------------------------------------
第 2 个识别对象的检测框坐标：[  0.65117   0.72747   0.68158   0.41934]
第 2 个识别对象的掩膜坐标：[[  0.37656   0.51999] ...... [  0.41094   0.51999]]
第 2 个识别对象的置信度：0.92881894
---------------------------------------
```

在实际应用中，获取的推理结果可传给前端应用进行展示。

项目总结

相信读者在按照以上代码示例进行操作后，对实例分割技术的应用已经有了初步的理解和掌握，并且能够独立完成实例分割任务。有条件的读者可以尝试训练不同规模参数的 YOLOv8-seg 模型，体验不同规模参数模型的区别。

另外，图像分割技术还可以用于野生动物保护领域，通过精准识别和追踪野生动物的行为和习性，为生态保护提供科学依据。实例分割技术在野生动物保护领域的应用，有助于更好地理解和保护生物多样性，促进人与自然和谐共生。同时，图像分割在许多领域都具有重要价值，如在医学中，可用于分离和识别医学图像中的组织结构，如肿瘤或器官；在自动驾驶中，可用于检测道路、行人、车辆等，以帮助自动驾驶系统做出决策；在卫星图像分析中，可用于地理信息系统中的土地覆盖分类和城市规划。

1. 知识要点

为帮助读者回顾项目的重点内容，在此总结了项目中涉及的主要知识点：
(1) LabelMe 工具的分割标注与格式转换。
(2) YOLOv8-seg 模型的训练与调优。
(3) YOLOv8-seg 模型推理结果的分析与提取。

2. 经验总结

实例分割应用如果想要达到良好的训练效果且具有良好的鲁棒性，与目标检测一样，首先需要数量充足、标注质量高的数据集，其次需要足够的 epoch 来进行充分训练。

项目 5
目标跟踪：基于 YOLOv8-track 的宠物猫目标跟踪

项目背景

在当代智能监控和分析领域，视频的目标跟踪技术扮演着至关重要的角色。它广泛应用于自动驾驶、智能监控、行为识别等多个领域。宠物猫多目标跟踪的核心挑战在于如何准确、实时地识别并跟踪视频中的每一个宠物，即便在拥挤场景、遮挡、光照变化等复杂条件下也能持续追踪。为了解决这些挑战，ByteTrack 和 BoT-SORT 目标跟踪算法被提了出来，Ultralytics 团队将以上两个算法集成到了 YOLOv8 框架，与目标检测模型或实例分割模型结合使用，以实现对视频中宠物猫的实时检测和跟踪。

通过 YOLOv8-track 实现宠物猫的多目标跟踪任务，不仅可以提高监控系统的自动化水平，还可以实现更进一步的智能水平，如轨迹跟踪、轨迹预测等。通过精确地追踪和分析宠物猫等目标的行为模式，这项技术能够在宠物监护、医疗健康、行为研究等多个领域发挥巨大作用。例如，在宠物监护领域，目标跟踪技术可以帮助宠物主人实时监控宠物的位置和活动状态，确保宠物的安全；在医疗健康领域，通过对宠物行为的长期跟踪，可以为宠物的疾病预防和健康管理提供数据支持。

此外，目标跟踪技术的发展还有助于推动相关产业的智能化升级。在"人工智能+"行动的背景下，该技术可以与物联网、大数据、云计算等其他技术相结合，构建智能化的宠物管理系统，提高宠物行业的服务水平和运营效率。这不仅能够为宠物产业带来革新，也能够为其他行业提供智能化升级的参考和借鉴。

项目内容

本项目旨在通过 YOLOv8-track 向读者详细介绍宠物猫多目标跟踪的关键技术和实践方法。本项目在项目 4 宠物猫实例分割模型的基础上，引导读者如何配置和使用 ByteTrack 和 BoT-SORT 目标跟踪算法，以实现视频中宠物猫的识别和跟踪，并将宠物猫在视频中的运动轨迹进行可视化展示。

通过实际的编码实践和结果分析,读者将获得构建一个高效宠物猫目标跟踪系统的能力,并对深度学习在视频分析领域的应用有一个全面的理解。

工程结构

图 5-1 是项目的主要文件和目录结构。其中,track_logs 为跟踪结果保存目录,yolov8n.pt 为官方预训练模型权重文件,yolov8_seg_cat_best.pt 为项目 4 的最佳训练模型权重文件,yolov8-track.ipynb 本项目的模型训练与推理代码文件,其余文件为数据处理文件。

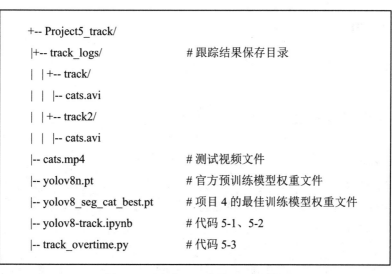

图 5-1 项目的主要文件和目录结构

知识目标

(1) 了解目标跟踪的定义与方法。
(2) 理解目标跟踪的评估指标。
(3) 了解目标跟踪在各行业的应用。
(4) 掌握目标跟踪任务的流程与操作。

能力目标

(1) 掌握 YOLOv8-track 的模型加载、跟踪执行。
(2) 掌握 ByteTrack 和 BoT-SORT 跟踪算法的参数配置。
(3) 掌握 YOLOv8-track 跟踪结果的运动轨迹可视化。

任务5.1　认识目标跟踪

本任务将学习目标跟踪的基本概念、方法原理与评估指标。

任务目标

(1) 了解目标跟踪的定义与方法。
(2) 理解目标跟踪的评估指标。

相关知识

5.1.1　目标跟踪算法概述

1. 目标跟踪的定义

目标跟踪(Object Tracking)是计算机视觉领域中的一个核心任务,它指的是在连续的图像序列(如视频)中,自动定位并维持对特定目标(如人、车辆、动物等)的识别和跟踪。目标跟踪算法的目标是在每一帧图像中准确地识别出目标的位置,并记录其随时间的运动轨迹。

在更技术性的层面上,目标跟踪可以被定义为一个动态的优化问题,优化的过程就是在每一帧中最小化一个目标函数,该目标函数衡量了预测的目标位置与实际目标位置之间的差异。这个过程涉及多个步骤,包括但不限于目标检测、特征提取、目标建模、状态估计、数据关联和跟踪维护。

目标跟踪的应用体现在多个方面:

(1) 视频监控与分析。在安全监控领域,目标跟踪技术可以帮助自动识别和跟踪可疑行为或特定个体,提高监控效率和响应速度。

(2) 自动驾驶系统。自动驾驶汽车需要能够准确地识别路上的其他车辆、行人以及障碍物,以确保安全行驶。

(3) 机器人导航。在机器人技术中,目标跟踪有助于机器人更好地在环境中导航,执行任务时能够识别并避开障碍物或追踪感兴趣的对象。

(4) 人机交互。在游戏和虚拟现实等领域,跟踪用户的运动和位置对于提供沉浸式体验至关重要。

(5) 生物行为分析。在生物学研究中,目标跟踪可以用来研究动物的行为模式,了解它们的移动习惯和社会互动。

(6) 体育分析。在体育比赛中，对运动员或球类的跟踪可以帮助分析比赛战术、增强训练效果，并为观众提供丰富的统计数据。

(7) 军事应用。在军事领域，目标跟踪技术用于监控和追踪敌对目标，以提高战场态势感知能力。

随着技术的发展，目标跟踪算法也在不断进步，从简单的基于外观和运动的模型发展到结合深度学习技术的复杂系统，提高了跟踪的准确性和鲁棒性。同时，随着 AI 技术的普及和应用，目标跟踪在各个领域的应用将更加广泛和深入。

2. 目标跟踪的方法

目标跟踪技术的发展时间相对较短，主要集中在近十余年。早期比较经典的方法有 Meanshift 和粒子滤波等方法，但整体精度较低，且主要为单目标跟踪 (Single Object Tracking，SOT)。目前目标跟踪的主要研究方向为多目标跟踪 (Multiple Object Tracking，MOT)。

目标跟踪的方法多种多样，包括基于特征的方法、基于检测的方法、基于滤波的方法以及基于深度学习的方法等。

1) 基于特征的方法 (Feature-based Methods)

基于特征的方法依赖于从目标中提取关键特征，如角点、边缘、纹理等。将这些特征在视频帧之间进行匹配，以确定目标的位置变化。这种方法的优点是它能够处理目标的形变和遮挡，但缺点是特征提取和匹配过程可能非常耗时，且对初始特征的选择非常敏感。

这类方法在描述目标物体时依赖于手动设计的特征，在确定目标位置时也是在后续帧中寻找这些特征的变化。典型的特征包括边缘、角点、SIFT(尺度不变特征变换)、SURF(加速稳健特征)、HOG(方向梯度直方图) 等。跟踪过程通常涉及特征匹配和运动估计，例如光流法、卡尔曼滤波结合特征匹配等。基于特征的方法在处理简单背景和小幅度运动时效果较好，但在处理复杂背景、光照变化和目标大幅度形变时性能可能受限。

2) 基于检测的方法 (Detection-based Methods)

基于检测的方法通常使用预先训练的分类模型来检测目标的存在。在每一帧中，分类模型会输出一个边界框，指示目标的位置。这种方法的优点是它能够提供准确的边界框，但缺点是它依赖于检测模型的性能，且在目标快速移动或发生遮挡时可能失效。

3) 基于滤波的方法 (Filtering-based Methods)

基于滤波的方法使用数学模型来预测目标在下一帧中的位置。常见的滤波器包括卡尔曼滤波器 (Kalman Filter)、粒子滤波器 (Particle Filter) 等。这些方法的优点是它们能够处理噪声和目标的非线性运动，但缺点是它们可能需要对目标的运动模型做出一些假设，这些假设在实际应用中可能不总是成立。

4) 基于深度学习的方法 (Deep Learning-based Methods)

基于深度学习的方法利用深度神经网络来学习目标的表示，并预测其在视频序列中的位置。这些方法可以自动学习目标的特征，无须手动设计特征提取器。深度学习方法的优点是它们具有强大的特征学习能力和泛化能力，但缺点是它们通常需要大量的标注数据来训练，且计算资源消耗较大。

这些方法通常不是独立使用的，而是相互结合，以提高 MOT 的性能。例如，一些方法可能会结合检测、关联和运动模型等多个组件来提高跟踪的准确性和鲁棒性。

5.1.2 目标跟踪算法评估指标

目标跟踪算法的评估指标是衡量算法性能的关键，它们能帮助开发者了解算法在不同场景下的表现。以下是一些常用的目标跟踪算法评估指标。

1. IDSW(ID Switch，身份切换次数)

IDSW 是指计算在多目标跟踪中算法在跟踪过程中错误地将一个目标的身份分配给另一个目标的次数。身份切换次数越少，表示算法在识别目标身份方面的性能越好。

2. MOTA(Multiple Object Tracking Accuracy，多目标跟踪准确率)

MOTA 是最广泛使用的指标，用于衡量跟踪算法的整体性能。它考虑了误检 (FP)、漏检 (FN) 和 IDSW 的次数。MOTA 的值越高，越接近 1，表示跟踪精度越高。MOTA 的计算公式为

$$\text{MOTA} = 1 - \frac{\sum_t (\text{FP}_t + \text{FN}_t + \text{IDSW}_t)}{\sum_t \text{GT}_t}$$

式中，GT_t 表示第 t 帧中真实目标的个数，FN_t 表示第 t 帧中漏检的个数，FP_t 表示第 t 帧中误报的个数，IDSW_t 表示第 t 帧中轨迹的身份切换次数。

3. MOTP(Multiple Object Tracking Precision，多目标跟踪精确率)

MOTP 是一个用于评估多目标跟踪系统在定位方面的准确性的指标，它衡量的是跟踪算法预测的目标边界框与真实标注边界框之间的几何匹配程度。MOTP 通常基于重叠度量，如 IoU 或者中心点距离和边界框尺寸调整后的距离等。MOTP 的计算公式为

$$\text{MOTP} = 1 - \frac{\sum_{t,i} d_{t,i}}{\sum_t c_t}$$

式中，c_t 表示第 t 帧成功与 GT 匹配的检测框数目，$d_{t,i}$ 表示匹配对 (预测目标边界框与真实标注边界框) 之间的距离度量 (可以是中心点距离、IoU 或其他合适的定位误差度量)。如果度量是 IoU 的话，那么 MOTP 越大越好；如果度量为欧氏距离，那么 MOTP 越小越好。

4. IDF1 分数 (ID F1 Score)

IDF1 分数是用于衡量多目标跟踪系统中目标身份识别一致性的指标。它基于跟踪过程中每个目标的 ID 匹配情况来计算。IDF1 是识别精确度 (Identification Precision，IDP) 和

识别召回率 (Identification Recall，IDR) 的调和平均值，用于评价跟踪算法在维持目标 ID 一致性方面的表现。IDF1 的值在 0 到 1 之间，值越高表示跟踪算法在目标 ID 的识别和维持一致性方面表现越好。当 IDP 和 IDR 都很高时，IDF1 也会很高，表示跟踪算法能够准确地识别目标并在整个视频序列中保持目标 ID 的一致性。

5. HOTA(Higher Order Tracking Accuracy，高阶跟踪准确率)

HOTA 是近年来在多目标跟踪领域提出的一种全面评估指标，它考虑了检测精度和关联准确性两方面的因素，以弥补传统 MOTA、MOTP 指标仅关注总体目标跟踪效果而忽视单个目标跟踪质量的问题。

HOTA 由三个主要组成部分构成。

(1) DetA (Detection Accuracy)：衡量目标检测的质量，类似于 MOTP，但考虑了每一个目标实例而非整体统计。

(2) AssA (Association Accuracy)：评估跟踪算法在关联同一目标实例 (即保持身份一致性) 方面的表现。

(3) LocA (Localization Accuracy)：类似于 MOTP，但它更细致地评估了每个单独目标轨迹的定位准确性。

最后，在给定的相似性阈值 α 下，HOTA 值的最终计算是在整个有效阈值范围内的 HOTA 分数的积分 (曲线下面积)。评估 HOTA 通常需要专业的评估工具，如 TrackEval 或 py-motmetrics 库中的 HOTA 实现。这些工具可以处理复杂的跟踪数据和匹配问题，并计算出 HOTA 指标。

HOTA 的值在 0 到 1 之间，值越接近 1 表示跟踪性能越好。这个指标的好处在于它将检测、跟踪和关联三个关键方面都考虑了进来，提供了更加全面的性能评估。

任务5.2 认识 YOLOv8-track

本任务将详细介绍 YOLOv8-track 目标跟踪框架的组件，并介绍 ByteTrack 和 BoT-SORT 算法的原理与实现步骤。然后演示基于 YOLOv8-track 的宠物猫目标跟踪的实战应用，并分析不同的目标检测模型对目标跟踪效果的影响。

任务目标

(1) 了解 YOLOv8-track 框架，包括 ByteTrack 和 BoT-SORT 算法原理与参数配置。
(2) 掌握基于 YOLOv8-track 的宠物猫目标跟踪的实战应用。

相关知识

5.2.1 YOLOv8-track 框架

如前文所述，YOLOv8 是由 Ultralytics 公司开发的最新一代目标检测算法框架，它不仅包括了图像分类、目标检测、实例分割，还涵盖了目标跟踪和姿态关键点检测。YOLOv8 的跟踪框架目前支持两种跟踪算法——ByteTrack 和 BoT-SORT，每个算法都有其特定的应用场景和特点。例如，BoT-SORT 算法结合了多种技术，如全局运动补偿、外观匹配和接近度匹配等，适合于场景中有中断或遮挡的情况；而 ByteTrack 算法则强调在实时性和准确性之间的平衡，特别适用于需要高速处理和实时性能的应用。

1. ByteTrack 算法

ByteTrack 算法是一种基于目标检测的多目标跟踪算法，它通过关联每个检测框，包括低得分的检测框，来提高目标跟踪的准确性和鲁棒性。该算法的核心思想是将目标跟踪问题转化为数据关联问题，并通过构建目标与检测框之间的关联矩阵来实现目标的持续跟踪。ByteTrack 算法特别关注低得分检测框中的小目标或遮挡目标，以减少真实目标的遗漏并避免轨迹碎片化。以下是 ByteTrack 算法的主要实现方式。

(1) 跟踪初始化：首先创建一个空的跟踪列表 T，在视频序列的每个新帧中，使用目标检测模型进行预测，得到检测框和得分。

(2) 分离检测框：根据检测得分阈值，将所有检测框分为高得分检测框和低得分检测框。

(3) 预测轨迹位置：对跟踪列表 T 中的每个目标对象使用卡尔曼滤波器预测其在当前帧中的新位置。

(4) 第一次关联：将高得分检测框与所有轨迹(包括丢失的轨迹)进行关联。使用 IoU 或 ReID 特征距离作为相似性度量，计算检测框和预测跟踪框之间的相似性，然后使用匈牙利算法 (Hungarian Algorithm) 根据相似性完成匹配。

(5) 第二次关联：对于第一次关联中未匹配的跟踪轨迹和低得分检测框，使用 IoU 作为相似性度量进行关联(因为低得分检测框通常包含严重遮挡或运动模糊，此时外观特征不可靠)，以恢复低得分检测框中的目标并过滤背景。

(6) 删除未匹配的轨迹：从轨迹集中删除第二次关联后仍未匹配的轨迹，它们被视为背景。

(7) 初始化新轨迹：将第一次关联后未匹配的高得分检测框初始化为新的跟踪轨迹。

ByteTrack 算法在实现过程中有以下几个关键点。

(1) 检测与关联：ByteTrack 算法首先使用高效的目标检测模型 (ByteTrack 算法并未专门设计新的检测模型，而是采用了现有的高性能检测模型 YOLOX) 来获取每一帧中的检测结果。而且，它不是简单地丢弃低得分的检测框，而是尝试将所有检测框与现有轨迹关联。

(2) 卡尔曼滤波：利用卡尔曼滤波预测目标在下一帧中的位置，使用预测的检测框和当前帧的检测框之间的 IoU 作为运动相似度的度量。

(3) 两次匹配：首先使用高得分检测框与已有轨迹进行匹配，未匹配的高得分检测框会与低得分检测框一起进行第二轮匹配，以挖掘出被遮挡或模糊的目标。

(4) 轨迹管理：对于没有匹配上的高得分检测框，ByteTrack 算法会初始化其为新的轨迹。对于没有匹配上的旧轨迹，ByteTrack 算法会保留一段时间（如 30 帧），以便在目标再次出现时进行匹配。

(5) 低得分检测框的处理：ByteTrack 算法特别关注低得分检测框，这些检测框可能代表被遮挡或难以检测的小型目标。通过将这些低得分检测框与轨迹关联起来，算法能够恢复这些目标，从而减少遗漏并避免轨迹断裂。

(6) 简化的关联策略：ByteTrack 算法提出了一种简单、有效且通用的数据关联方法，称为 BYTE。该方法的核心在于充分利用从高得分到低得分的检测框，以提高目标跟踪的准确性和完整性。

ByteTrack 算法通过其创新的关联策略和对低得分检测框的有效利用，有效地解决了目标检测和跟踪领域中的难点问题，如目标遮挡、目标出现和消失、目标交叉等，从而提升了整体的跟踪效果和系统的鲁棒性，实现了在多目标跟踪任务上的高质量表现和实时性能。

目前 ByteTrack 算法以 MOTA 为 77.8、IDF1 为 77.2、HOTA 为 61.3 的性能指标数据在 MOT20 的挑战榜排行第 4。MOT20(Multiple Object Tracking Benchmark 2020) 是一个用于多目标跟踪的挑战性数据集，为研究人员提供了一个标准化的测试平台，以评估和提高多目标跟踪算法在复杂环境中的性能。

2. BoT-SORT 算法

BoT-SORT 算法是一种先进且创新的多目标跟踪算法，是基于 ByteTrack 算法和 StrongSORT 算法的改进目标跟踪算法，它结合了运动和外观信息，以及相机运动补偿和更准确的卡尔曼滤波器状态向量，提高了多目标跟踪的准确性和鲁棒性。以下是 BoT-SORT 算法的主要实现方式。

(1) 跟踪初始化：首先创建一个空的跟踪列表 T，在视频序列的每个新帧中，使用目标检测模型进行预测得到检测框和得分。

(2) 分离检测框：根据检测得分阈值，将所有检测框分为高得分检测框和低得分检测框，然后对高得分检测框进行外观特征提取。

(3) 计算运动矩阵：计算从上一帧到当前帧的运动矩阵。

(4) 预测新位置：使用卡尔曼滤波器和运动补偿更新跟踪列表 T 中的每个目标对象。

(5) 第一次关联：首先计算当前跟踪框和高得分检测框之间的 IoU，然后融合 IoU 和外观特征距离，得到成本矩阵，最后使用匈牙利算法完成匹配。

(6) 第二次关联：对剩余的跟踪框和低得分检测框计算 IoU，然后使用匈牙利算法完成匹配。

(7) 删除未匹配的轨迹：从轨迹集中删除第二次关联后仍未匹配的轨迹，它们被视为背景。

(8) 初始化新轨迹：将第一次关联后未匹配的高得分检测框初始化为新的跟踪轨迹。

此外，BoT-SORT 算法还引入了以下关键改进措施：

(1) 相机运动补偿 (Camera Motion Compensation, CMC)：通过图像配准技术估计并校正相机运动对目标位置的影响，从而提升卡尔曼滤波器预测的准确性。

(2) 改进的卡尔曼滤波器：在传统的卡尔曼滤波器基础上，调整状态向量以直接建模目标的宽度和高度，而非仅使用宽高比，这种方式可以提高跟踪性能。

(3) IoU 和 ReID 特征融合：在数据关联阶段结合目标定位信息 (IoU) 与外观信息 (ReID 特征)，确保在目标遮挡或模糊情况下也能保持高精度跟踪。

(4) 全局分配问题求解：将关联问题形式化为全局分配问题，结合 IoU 和 ReID 特征距离使用匈牙利算法寻找最优匹配，实现更稳健的目标关联。

目前 BoT-SORT 算法以 MOTA 为 77.8、IDF1 为 77.5、HOTA 为 63.3 的性能指标数据在 MOT20 的挑战榜排行第 3。需要注意的是，BoT-SORT 算法在处理极高密度动态目标场景时，相机运动估计的准确性以及由此带来的计算开销是其面临的局限性。总体而言，BoT-SORT 算法凭借其一系列创新改进，为复杂场景下的多目标跟踪提供了一个有效的解决方案。

5.2.2　YOLOv8-track 实战应用

为了保证环境的可用性，首先新建虚拟环境，然后执行以下命令安装 YOLOv8：

```
conda install -c conda-forge lap
pip install ultralytics
```

YOLOv8 的目标跟踪框架使用非常方便，如代码 5-1 所示，在加载官方的目标检测预训练模型权重文件 yolov8n.pt 后，运行 track() 函数对测试视频文件 "cats.mp4" 进行推理以获取目标跟踪结果。

代码 5-1

```
from ultralytics import YOLO

model = YOLO('yolov8n.pt')      # 加载 YOLOv8 目标检测官方预训练模型权重文件
# 基于加载的目标检测模型执行跟踪任务
results = model.track(
    source="cats.mp4",          # 指定测试视频文件
    save=True,                  # 保存结果文件
    project='track_logs',       # 指定保存目录
    tracker="bytetrack.yaml"    # 指定 bytetrack 为跟踪算法，一般默认为 BoT-SORT
)
```

"bytetrack.yaml" 配置文件可以在 ...\Lib\site-packages\ultralytics\cfg\trackers 路径下找

项目 5　目标跟踪：基于 YOLOv8-track 的宠物猫目标跟踪　　89

到，即可以在 Python 库文件的标准安装路径 site-packages 下找到。"bytetrack.yaml" 配置文件的参数说明如表 5-1 所示。

表 5-1　"bytetrack.yaml" 配置文件的参数说明

参数名	值	描　述
tracker_type	bytetrack	设置追踪器的类型
track_high_thresh	0.5	第一次关联的阈值
track_low_thresh	0.1	第二次关联的阈值
new_track_thresh	0.6	当检测对象不匹配任何现有跟踪轨迹时，初始化新跟踪轨迹的阈值
track_buffer	30	移除跟踪轨迹的缓冲时间，单位为帧
match_thresh	0.8	匹配跟踪轨迹的阈值，用于确定两个轨迹是否为同一目标

代码 5-1 输出结果：

```
video 1/1 (frame 1/154) d:\CV\Project5_track\cats.mp4: 640x384 1 cat, 131.0ms
video 1/1 (frame 2/154) d:\CV\Project5_track\cats.mp4: 640x384 1 cat, 85.2ms
video 1/1 (frame 3/154) d:\CV\Project5_track\cats.mp4: 640x384 1 cat, 86.6ms
video 1/1 (frame 4/154) d:\CV\Project5_track\cats.mp4: 640x384 1 cat, 104.0ms
video 1/1 (frame 5/154) d:\CV\Project5_track\cats.mp4: 640x384 1 cat, 158.6ms
……
video 1/1 (frame 37/154) d:\CV\Project5_track\cats.mp4: 640x384 1 cat, 139.5ms
video 1/1 (frame 38/154) d:\CV\Project5_track\cats.mp4: 640x384 1 cat, 114.2ms
video 1/1 (frame 39/154) d:\CV\Project5_track\cats.mp4: 640x384 2 cats, 167.1ms
video 1/1 (frame 40/154) d:\CV\Project5_track\cats.mp4: 640x384 2 cats, 87.5ms
video 1/1 (frame 41/154) d:\CV\Project5_track\cats.mp4: 640x384 2 cats, 117.9ms
……
video 1/1 (frame 109/154) d:\CV\Project5_track\cats.mp4: 640x384 2 cats, 138.2ms
video 1/1 (frame 110/154) d:\CV\Project5_track\cats.mp4: 640x384 2 cats, 107.6ms
video 1/1 (frame 111/154) d:\CV\Project5_track\cats.mp4: 640x384 1 cat, 113.0ms
……
video 1/1 (frame 141/154) d:\CV\bytetrack_track\cats.mp4: 640x384 1 cat, 1 dog, 128.0ms
video 1/1 (frame 142/154) d:\CV\Project5_track\cats.mp4: 640x384 2 cats, 96.9ms
video 1/1 (frame 143/154) d:\CV\Project5_track\cats.mp4: 640x384 2 cats, 115.8ms
……
video 1/1 (frame 152/154) d:\CV\Project5_track\cats.mp4: 640x384 1 cat, 137.4ms
video 1/1 (frame 153/154) d:\CV\Project5_track\cats.mp4: 640x384 2 cats, 183.7ms
video 1/1 (frame 154/154) d:\CV\Project5_track\cats.mp4: 640x384 1 cat, 1 dog, 165.9ms
Speed: 2.5ms preprocess, 124.9ms inference, 3.4ms postprocess per image at shape (1, 3, 640, 384)
Results saved to track_logs\track
```

从输出结果看，测试视频总共有 154 帧图片，其中因为角度、距离的原因，23.6% 的图片中只检测出一只猫 (视频中每一帧都有两只猫)，并且在第 141 帧和第 154 帧中将其中一只猫误识别为狗。另外，如图 5-2 所示，狸花猫的跟踪 id 为 5，理论上应该是 2，说明发生了 3 次 id 切换。

图 5-2　目标检测模型的跟踪结果中第 41 帧图片

如代码 5-2 所示，首先加载项目 4 中训练的宠物猫实例分割最佳模型权重文件"yolov8_seg_cat_best.pt"后，再运行 track() 函数对测试视频文件"cats.mp4"进行推理以获取目标跟踪结果。

代码 5-2

```
from ultralytics import YOLO

model = YOLO('yolov8_seg_cat_best.pt')  # 加载项目 4 中训练的宠物猫实例分割最佳模型权重文件
# 基于加载的宠物猫实例分割模型执行跟踪任务
results = model.track(
    source="cats.mp4",          # 指定测试视频文件
    save=True,                  # 保存结果文件
    project='track_logs',       # 指定保存目录
    tracker="botsort.yaml"      # 指定 BoT-SORT 为跟踪算法
)
```

"botsort.yaml"配置文件存放路径与"bytetrack.yaml"配置文件一致。"botsort.yaml"配置文件的参数说明如表 5-2 所示。

表 5-2 "botsort.yaml"配置文件的参数说明

参数名	值	描述
tracker_type	botsort	设置追踪器的类型
track_high_thresh	0.5	第一次关联的阈值
track_low_thresh	0.1	第二次关联的阈值
new_track_thresh	0.6	当检测对象不匹配任何现有跟踪轨迹时，初始化新跟踪轨迹的阈值
track_buffer	30	移除跟踪轨迹的缓冲时间，单位为帧
match_thresh	0.8	匹配跟踪轨迹的阈值，用于确定两个轨迹是否为同一目标
gmc_method	sparseOptFlow	指定全局运动补偿所用的方法，此处使用稀疏光流法
proximity_thresh	0.5	目标之间的 IoU 相似度阈值
appearance_thresh	0.25	目标之间的外观相似度阈值
with_reid	FALSE	指定是否使用 ReID 重识别模型来辅助匹配

代码 5-2 输出结果：

```
video 1/1 (frame 1/154) d:\CV\Project5_track\cats.mp4: 640x384 1 cat, 366.0ms
video 1/1 (frame 2/154) d:\CV\Project5_track\cats.mp4: 640x384 1 cat, 332.5ms
video 1/1 (frame 3/154) d:\CV\Project5_track\cats.mp4: 640x384 1 cat, 293.3ms
video 1/1 (frame 4/154) d:\CV\Project5_track\cats.mp4: 640x384 1 cat, 283.8ms
video 1/1 (frame 5/154) d:\CV\Project5_track\cats.mp4: 640x384 1 cat, 295.5ms
......
video 1/1 (frame 37/154) d:\CV\Project5_track\cats.mp4: 640x384 2 cats, 284.7ms
video 1/1 (frame 38/154) d:\CV\Project5_track\cats.mp4: 640x384 2 cats, 272.9ms
video 1/1 (frame 39/154) d:\CV\Project5_track\cats.mp4: 640x384 2 cats, 286.3ms
video 1/1 (frame 40/154) d:\CV\Project5_track\cats.mp4: 640x384 2 cats, 352.2ms
video 1/1 (frame 41/154) d:\CV\Project5_track\cats.mp4: 640x384 2 cats, 256.0ms
......
video 1/1 (frame 109/154) d:\CV\Project5_track\cats.mp4: 640x384 1 cat, 408.5ms
video 1/1 (frame 110/154) d:\CV\Project5_track\cats.mp4: 640x384 1 cat, 393.1ms
video 1/1 (frame 111/154) d:\CV\Project5_track\cats.mp4: 640x384 1 cat, 415.8ms
......
video 1/1 (frame 141/154) d:\CV\Project5_track\cats.mp4: 640x384 1 cat, 377.3ms
video 1/1 (frame 142/154) d:\CV\Project5_track\cats.mp4: 640x384 1 cat, 366.5ms
video 1/1 (frame 143/154) d:\CV\Project5_track\cats.mp4: 640x384 1 cat, 356.5ms
```

```
......
video 1/1 (frame 152/154) d:\CV\Project5_track\cats.mp4: 640x384 1 cat, 332.7ms
video 1/1 (frame 153/154) d:\CV\Project5_track\cats.mp4: 640x384 1 cat, 344.0ms
video 1/1 (frame 154/154) d:\CV\Project5_track\cats.mp4: 640x384 1 cat, 300.1ms
Speed: 2.5ms preprocess, 347.0ms inference, 3.9ms postprocess per image at shape (1, 3, 640, 384)
Results saved to track_logs\track2
```

从输出结果看，36%的图片中只检测出一只猫，但无误识别。如图5-3所示，狸花猫的跟踪id为2，没有发生id切换；另外，相对图5-2来说，目标识别的置信度也有一定程度的提升。

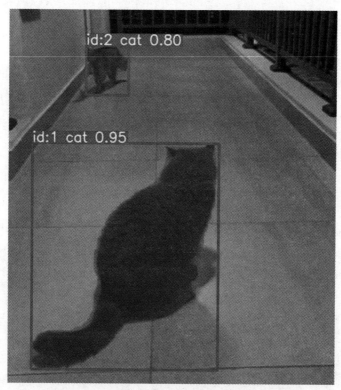

图5-3 实例分割模型的跟踪结果中第41帧图片

根据以上两份不同的跟踪结果，我们可以看到，YOLOv8-track采用不同的目标检测模型或实例分割模型，和采用高精度的目标检测模型都对最终跟踪结果的影响非常大。我们需要根据不同的场景和要求，采用不同的目标检测模型和跟踪算法。

任务5.3 宠物猫运动轨迹追踪可视化

本任务首先使用项目4的训练最佳模型提取视频帧中的目标边界框，然后调用模型的track()函数逐帧进行目标跟踪，并将目标边界框的中心点作为运动轨迹点进行可视化展示。

任务目标

(1) 理解视频流数据的基本处理和表示方法,学会从视频中提取和处理帧序列。
(2) 掌握 YOLOv8 模型 track() 函数返回结果的处理。
(3) 掌握追踪轨迹的存储与删除管理。
(4) 掌握追踪轨迹的可视化展示。

相关知识

YOLOv8 的目标跟踪功能还可以实现对视频文件中物体运动轨迹的追踪,通过保留检测到的边界框的中心点并连接它们,然后绘制表示跟踪物体路径的线条,可以为视频分析提供有价值的数据。如代码 5-3 所示。

代码 5-3

```python
from collections import defaultdict
import cv2
import numpy as np
from ultralytics import YOLO

# 加载项目 4 中训练的宠物猫实例分割最佳模型权重文件
model = YOLO('yolov8_seg_cat_best.pt')

# 加载视频文件
video_path = "cats.mp4"
cap = cv2.VideoCapture(video_path)

# 定义一个存储每个跟踪 ID 的历史中心坐标点的字典
track_history = defaultdict(lambda: [])

# 遍历视频帧
while cap.isOpened():
    # 从视频读取一帧
    success, frame = cap.read()

    if success:
        # 在图像帧运行 YOLOv8-track
        results = model.track(
            frame,
            persist=True  # 确保跟踪信息在帧之间保持一致
        )

        # 获取检测框和跟踪 ID
        if results[0].boxes.id[0]:
```

```python
        boxes = results[0].boxes.xywh.cpu()
        track_ids = results[0].boxes.id.int().cpu().tolist()

        # 将边界框、类别名称和 ID 可视化在图像帧上
        annotated_frame = results[0].plot()

        # 对每一个目标绘制轨迹线
        for box, track_id in zip(boxes, track_ids):
            x, y, w, h = box
            # 从 track_history 字典中获取与当前 track_id 关联的轨迹列表
            track = track_history[track_id]
            # 将目标的中心点坐标加到该目标的轨迹列表中
            track.append((float(x), float(y)))
            if len(track) > 60:  # 保留 60 帧的轨迹跟踪展示
                track.pop(0)
            # 准备用于 cv2.polylines 函数的数据
            points = np.hstack(track).astype(np.int32).reshape((-1, 1, 2))
            cv2.polylines(  # 绘制轨迹线
                annotated_frame,
                pts=[points],
                isClosed=False,         # 线条不闭合
                color=(0, 230, 230),    # 设置颜色为黄色
                thickness=10)           # 设置线条的粗细

        # 创建一个窗口并指定窗口的标题
        cv2.namedWindow("YOLOv8 Tracking", cv2.WINDOW_NORMAL)
        # 设置窗口的宽度和高度
        window_width = 400
        window_height = 800
        cv2.resizeWindow("YOLOv8 Tracking", window_width, window_height)
        # 展示图片及轨迹
        cv2.imshow("YOLOv8 Tracking", annotated_frame,)

        # 按下 "q" 键退出图像查看器
        if cv2.waitKey(1) & 0xFF == ord("q"):
            break
    else:
        break  # 视频结束，结束循环

cap.release()            # 释放加载的视频对象
cv2.destroyAllWindows()         # 关闭 opencv 窗口
```

代码 5-3 的输出结果为遍历视频帧后的每一图片帧的运动轨迹追踪可视化结果。如图 5-4 所示，边界框里的黄色线条为目标过去 60 帧的运动轨迹，可以看到 id 为 1 的目标的运动轨迹几乎在原地不动，id 为 2 的目标的运动轨迹则是一直向前移动。

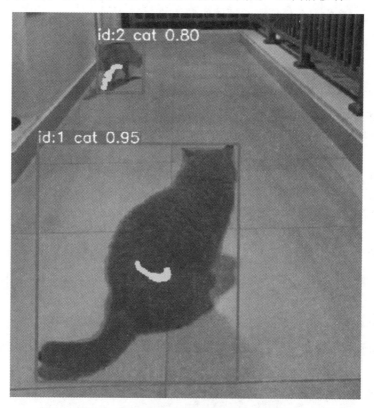

图 5-4　运动轨迹可视化结果第 41 帧图片

通过追踪宠物猫的运动轨迹，可以分析它们的活动习惯和行为模式，这对于了解宠物的健康状况和情绪状态很有帮助。宠物用品公司可以利用追踪数据来设计更加符合宠物行为习性的产品，如更加吸引宠物的玩具或更加符合宠物活动习惯的家具。此外，在动物行为学的科学研究中，追踪宠物猫的运动轨迹可以提供有关它们社交行为、领地行为和日常活动范围的宝贵数据。

项 目 总 结

相信读者在按照本项目的指导进行操作后，对宠物猫目标跟踪实战的整体架构与工作流程已经有了全面的了解和实践经验，并且能够独立完成基于 YOLOv8-track 的宠物猫目标跟踪任务。同样地，利用 YOLOv8-track 也可以完成行人、车辆等任何物体的目标跟踪任务。

同时，提醒读者，以上仅是对 YOLOv8-track 框架在宠物猫目标跟踪应用上的一次基础实践，而高级跟踪系统的设计和优化是一个涉及很多因素的复杂过程。它不仅需要对算法细节有深刻理解，还需要在实际应用中不断测试和微调。因此，在此鼓励读者在掌握了基础知识和技能后，继续深入研究，尝试更多的算法变种、参数调整和场景应用，以便更好地理解和利用深度学习在目标跟踪领域的潜能。

1. 知识要点

为帮助读者回顾项目的重点内容，在此总结了项目中涉及的主要知识点：

(1) 了解目标跟踪的定义、方法与常见的应用领域。

(2) 掌握 ByteTrack、BoT-SORT 算法的基本原理。

(3) 掌握 YOLOv8-track 目标跟踪的实现步骤，包括模型加载、执行跟踪和绘制跟踪结果。

2. 经验总结

在实现基于 YOLOv8-track 的宠物猫目标跟踪任务时，以下几个实用的建议可以帮助优化跟踪性能和效率：

(1) 理解目标跟踪的关键概念。清晰了解宠物猫目标跟踪的核心组成部分，包括目标检测、特征提取、数据关联以及时序分析的原理，这对于有效地选择和实施跟踪算法至关重要。

(2) 选择精确的目标检测模型。选择高精度的宠物猫检测模型是提升跟踪质量的首要步骤。可以考虑使用经过广泛验证的深度学习检测模型，并在数量充足的特定数据集上对其进行微调。

(3) 精细调整数据关联策略。数据关联策略决定了如何将检测到的目标与现有跟踪目标关联起来。调整匹配阈值和衡量相似度的方法对于减少身份切换次数非常关键。

(4) 注意数据增强和数据集多样性。类似于深度学习中的数据增强，为跟踪算法引入多样化的场景和情况可以增强模型的泛化能力，提高在不同环境下的跟踪效果。

项目 6
人脸识别：基于 insightface 的人脸检索

项目背景

人脸识别是通过人脸图像或人脸特征信息识别身份的一种生物识别技术，通常也叫作人像识别、面部识别。人脸识别是用摄像机或摄像头采集含有人脸的图像或视频，并自动在图像和视频中检测和跟踪人脸，进而对检测到的人脸进行识别的一系列相关技术。人脸识别技术的核心挑战包括人脸检测、人脸对齐、人脸特征提取、人脸匹配等，同时还要考虑人脸的姿态、表情、光照、遮挡、年龄等因素的影响。

人脸识别技术作为一种高效的生物特征识别手段，在公共安全、社会治理、身份验证等领域的应用日益广泛。然而，技术的双刃剑特性要求我们必须高度重视其在国家安全层面的影响。在实际应用中，我们应当审慎使用人脸识别技术，确保其用于正当、合法的目的，如打击犯罪、维护社会秩序等，同时要确保人脸数据的安全，为国家信息安全贡献力量。

本项目旨在通过人脸检索的应用来探讨并实践人脸识别技术，为读者提供全面而实用的知识体系。

项目内容

本项目提供了一个典型的解决人脸识别问题的示例。项目以自制人脸数据集和 insightface 人脸识别框架为基础，详细介绍了如何应用 insightface 人脸识别框架来完成人脸检索任务。在项目过程中将详细介绍人脸识别的 4 个步骤和相似度阈值对识别结果的影响。

工程结构

图 6-1 是项目的主要文件和目录结构。其中，database 为存放人脸特征库的目录，models 为存放模型文件的目录，register_images 为存放人脸注册数据的目录，test_ images 为存放待识别人脸的目标对象数据的目录，insightface_main.ipynb 为本项目的主要代码文件。

```
+-- Project6_insightface/
| +-- database/
| | -- face_database.pkl
| +-- models/
| | +-- buffalo_l/
| | | -- 1k3d68.onnx
| | | -- 2d106det.onnx
| | | -- det_10g.onnx
| | | -- genderage.onnx
| | | -- w600k_r50.onnx
| +-- register_images/
| +-- test_images/
| -- insightface_main.ipynb
```

图 6-1 项目的主要文件和目录结构

知识目标

(1) 掌握解决人脸检索任务的基本步骤和实际操作技能。
(2) 掌握如何设置适合实际场景的相似度阈值。

能力目标

(1) 了解人脸识别的 4 个步骤及其原理。
(2) 掌握 insightface 框架的安装与使用。
(3) 重点掌握人脸检测与特征提取的应用。
(4) 掌握余弦相似度的原理及应用。

任务6.1 认识人脸识别

本任务首先学习人脸识别的 4 个步骤，然后介绍人脸数据的规范要求，最后通过了解项目的工程结构来对项目有一个整体认识。

任务目标

(1) 了解人脸识别的 4 个步骤及其原理。
(2) 掌握人脸数据的规范要求。

相关知识

6.1.1 人脸识别简介

在过去的十几年里，随着计算机视觉技术的飞速发展，人脸识别已经从科幻小说中的概念变成了现实生活中的日常应用。人脸识别技术在经历了几个阶段的发展后，从基于几何特征的方法，到基于代数特征和连接机制的方法，再到基于深度学习的方法，该技术识别的准确性和鲁棒性不断提高。日常应用人脸识别最常见的场景是人脸识别手机解锁，这得益于深度学习的发展与人脸识别算法的进步。基于计算机视觉技术的人脸识别实际上是一系列算法组合的应用，主要分为 4 个步骤，分别是人脸检测、人脸对齐、人脸编码和人脸匹配。

1. 人脸检测

人脸检测 (Detection) 是人脸识别的第一步，也是计算机视觉领域中的一个基础任务，它的目标是从图像或视频中准确地定位和标识出人脸的位置。人脸检测的本质是目标检测，理论上可以应用任何目标检测类的算法，人脸检测经历了应用基于传统图像处理的识别算法 (如图像梯度直方图 HOG 算法)，到基于机器学习的识别算法 (如 Viola-Jones 算法)，再到如今基于深度学习的识别算法 (如 MTCNN、SCRFD 算法等)，在精度上有了极大的进步。

在人脸检测这一步，只检测输入图像中的人脸，而忽略其他物体，然后标记出人脸的坐标位置，将人脸切割出来，作为下一步的输入。

2. 人脸对齐

人脸对齐 (Alignment) 是将不同角度的人脸图像对齐成一个统一标准的形态。由于人脸的姿态、表情以及拍摄角度等因素会影响人脸识别的准确性，因此需要对检测到的人脸进行对齐处理。这可以使后续模型提取人脸特征时无需考虑五官位置，仅提取五官形状和纹理相关的特征即可，可以有效地提高人脸识别的准确性。

人脸对齐首先定位人脸上眼睛、鼻子、嘴巴等关键位置的特征点，然后通过仿射、旋转、缩放等几何变换的方式，使各个特征点对齐到统一预设的固定位置上，从而实现空间归一化。因此，人脸对齐也被称为人脸特征点检测。

3. 人脸编码

人脸编码，即人脸特征提取，是人脸识别中的关键步骤，用于从人脸图像中提取具有判别性的特征表示。人脸特征提取技术按照技术特点和发展时间，大致分为3类：

(1) 基于全局信息的 Holistic 特征方法：对人脸图像整体进行特征提取，包括基于主分量分析 (PCA) 的 Eigenfaces 算法、基于线性鉴别分析 (LDA) 的 Fisherfaces 算法等。具体过程为通过一组投影向量将人脸图像进行降维，再将低维特征送入如 SVM 等机器学习分类器进行人脸识别比对。

(2) 基于局部信息的 Local 特征方法：在人脸图像中的不同位置提取局部特征，然后将得到的各个局部特征向量串联，作为人脸特征表示。此类典型算法有 HOG(Histograms of Oriented Gradients)、LBP(Local Binary Patterns)、SIFT(Scale-Invariant Feature Transform) 和 SURF(Speeded Up Robust Features)。

(3) 基于深度学习的方法：基于深度学习的人脸特征提取方法可以从数据集中自动学习特征，如果数据集能够覆盖人脸识别中常遇到的各种情况(如光照、姿态、表情等)，则算法能够自动学习适应各种挑战的人脸特征。

4. 人脸匹配

人脸匹配是指比较不同人脸的特征向量并确定它们之间的相似度。人脸匹配一般分为人脸比对和人脸检索两种情况。人脸比对技术是对两个人脸特征向量进行 1∶1 比对，并提供相似度评分；人脸检索技术是在一个已有的人脸库中找出与目标人脸最相似的一张或多张人脸，并提供相似度评分。其中，余弦相似度是较常用的相似度度量方法。

6.1.2 人脸采集说明

人脸识别还有一个前置任务就是人脸采集。人脸采集需要注意以下几点：

(1) 图像大小：人脸图像过小会影响识别效果，人脸图像过大则会影响识别速度。一般情况下，人脸图像的最大边长不超过 2000 像素。另外，国家标准《公共安全 人脸识别应用图像技术要求》(GB/T 35678—2017) 规定了公共安全领域人脸识别图像的技术要求，其中要求注册图像时，两眼间距应大于等于 60 像素，宜大于等于 90 像素；识别图像时，两眼间距应大于等于 30 像素，宜大于等于 60 像素。

(2) 光照环境：过曝或过暗的光照环境都会影响人脸识别效果，光照环境以自然光为佳。

(3) 遮挡程度：在实际场景中，遮挡物应不遮挡眉毛、眼睛、嘴巴、鼻子及脸部轮廓。如戴有眼镜，眼镜框应不遮挡眼睛，镜片应无色无反光。

(4) 采集角度：人脸相对于摄像头为正脸最佳。当需要安装摄像头时，摄像头与水平线之间的俯仰角宜在 0～10° 之间，不大于 18°；安装高度宜在 2.2～3.5 m 之间，不高于 6 m；出入口人脸门禁控制设备安装高度宜在 1.5～1.7 m 之间。

(5) 合法合规：采集过程中务必遵循充分告知、不强制、最小数量、非必要不存储等数据安全原则，避免出现人脸数据滥采、泄露或丢失、过度存储和使用等问题；更不可出现人脸数据非法买卖等行为。有关要求建议读者详细研读国家标准《信息安全技术 人脸识别数据安全要求》(GB/T 41819—2022)。

根据以上人脸采集说明，采集若干人脸图像数据作为本项目的人脸库。采集的人脸图像数据作为待注册人脸数据放在项目根目录的 register_images 目录下。

代码 6-1 将获取待注册人脸图像文件名并打印。

代码 6-1

```
import os

register_images_dir='./register_images'
register_images = os.listdir(register_images_dir)    # 获取文件列表
register_images = sorted(register_images)            # 按文件名排序
print(register_images)
```

输出结果：

['1.jpg', '2.jpg', '3.jpg', '4.jpg',]

本项目待注册人脸图像文件总共有 4 个，同时将以文件名编号作为人脸 ID。

任务6.2　认识 insightface 框架

本任务将首先介绍 insightface 人脸识别框架的功能及原理，然后介绍 insightface 在 Linux 环境下的安装与使用。

任务目标

(1) 了解 insightface 框架的基本原理。
(2) 掌握 insightface 框架的安装与使用。

相关知识

6.2.1　insightface 框架简介

insightface 是由旷视科技研发和开源的 2D 和 3D 深度人脸分析库。insightface 有效地实现了各种先进的人脸识别、人脸检测和人脸对齐算法，并针对训练和部署进行了优化。insightface 相关算法曾经参加过多个挑战赛并获得冠军。

insightface 同时是一个用于 2D 和 3D 人脸分析的集成 Python 库，可以使用 pip 安装。insightface 库打包了一系列模型供大家使用，模型包说明如表 6-1 所示。

表 6-1　insightface 模型包说明

模型包名称	人脸检测	人脸识别	人脸对齐	人脸属性	模型大小	是否默认
buffalo_l	SCRFD-10GF	ResNet-50@WebFace600K	2d106 & 3d68	Gender&Age	326MB	是
buffalo_m	SCRFD-2.5GF	ResNet-50@WebFace600K	2d106 & 3d68	Gender&Age	313MB	否
buffalo_s	SCRFD-500MF	MBF@WebFace600K	2d106 & 3d68	Gender&Age	159MB	否
buffalo_sc	SCRFD-500MF	MBF@WebFace600K	—	—	16MB	否

从表 6-1 可以看到，insightface 模型包主要提供了四种规模大小，分别是 l、m、s 和 sc，其中 "buffalo_l" 是 insightface 库的默认模型包。模型包集成了人脸检测、人脸识别 (即人脸特征提取)、人脸对齐和人脸属性 (性别与年龄) 的预训练模型。以 "buffalo_l" 为例，说明如下：

(1) 人脸检测使用的是 SCRFD(Sample and Computation Redistribution for Efficient Face Detection) 算法预训练模型，10GF 代表参数量和计算量的规模。

(2) 人脸识别 (人脸特征提取) 使用的是以 ResNet-50 为骨干网络在 WebFace600K 人脸数据集上训练的预训练模型。

(3) 人脸对齐使用的是以 MobileNet-0.5 为骨干网络的可以识别 106 个 2D 关键点的 2d106 预训练模型和以 ResNet-50 为骨干网络的可以识别 68 个 3D 关键点的 3d68 预训练模型。

(4) 人脸属性 (性别与年龄) 使用的是以 MobileNet-0.25 为骨干网络在 CelebA 人脸数据集上训练的预训练模型。

6.2.2　insightface 库的安装与使用

1. insightface 库的安装

insightface 库的安装相对比较简单，在 Centos 7 环境下，先执行以下命令安装配置 gcc 环境：

```
yum install glibc gcc gcc-c++
```

然后执行以下命令安装 insightface 库：

```
pip install onnxruntime -i https://pypi.tuna.tsinghua.edu.cn/simple
pip install insightface  -i https://pypi.tuna.tsinghua.edu.cn/simple
```

先安装 onnxruntime 包是因为 insightface 库引用的预训练模型是 onnx 格式，需要使用 onnxruntime 包来调用模型。如果是 GPU 环境，则安装 onnxruntime-gpu 包。

2. insightface 库的基本使用

代码 6-2 以 insightface 对其中一张待注册图像进行人脸识别并获取识别结果为例，详细讲解了 insightface 的基本使用方法。

代码 6-2

```python
# 导入相关包
import cv2,os
import numpy as np
import insightface
from insightface.app import FaceAnalysis

model_pack_name='buffalo_l'    # 定义模型包名称
app = FaceAnalysis(             # 定义 insightface 库人脸分析的类实例
    root='./',                  # 模型文件保存路径，如不存在则自动下载
    name=model_pack_name,       # 指定模型包名称，如不指定则默认为 buffalo_l
    allowed_modules=[           # 指定要运行的模块
        'detection',            # 人脸检测模块
        'recognition',          # 人脸识别（特征提取）模块
        'genderage',            # 人脸属性模块
        'landmark_2d_106',      # 人脸对齐模块 -2D
        'landmark_3d_68'        # 人脸对齐模块 -3D
    ],
)

app.prepare(          # prepare 方法的作用是指定推理设备、设置置信阈值和图像 resize 大小
    ctx_id=-1,        # 小于 0 表示使用 CPU 设备，大于 0 则表示使用该编号的 GPU 设备
    det_thresh=0.6,   # 设置检测的置信阈值为 0.6，默认值为 0.5
    det_size=(640, 640) # 将目标图像大小 resize 为 640*640
)

img = cv2.imread("./register_images/3.jpg")    # 读取照片
faces = app.get(img)                            # 获取人脸识别数据
for face in faces:
    print(' 人脸框坐标：{}'.format(face["bbox"]))
    print(' 人脸五个关键点：{}'.format(face["kps"]))
    print(' 人脸检测置信度：{}'.format(face["det_score"]))
    print(' 人脸 2D 关键点坐标个数：{}'.format(len(face["landmark_2d_106"])))
    print(' 人脸 3D 关键点坐标个数：{}'.format(len(face["landmark_3d_68"])))
    print(' 人脸姿态：{}'.format(face["pose"])) # 3 个角度：俯仰角、偏航角和旋转角
```

```
    print(' 年龄：{}'.format(face["age"]))
    print(' 性别：{}'.format(face["gender"]))
    print(' 人脸特征维度数：{}'.format(len(face["embedding"])))
```
输出结果：

人脸框坐标：[452.5594 518.4489 1142.6985 1504.0728]

人脸五个关键点：[[642.60895 913.7172]

[977.3433   900.9843]

[824.65576 1107.1989]

[667.7122 1250.7548]

[965.86536 1238.8063]]

人脸检测置信度：0.9068891406059265

人脸 2D 关键点坐标个数：106

人脸 3D 关键点坐标个数：68

人脸姿态：[-3.6074846 4.440707 -1.1962439]

年龄：39

性别：1

人脸特征维度数：512

从以上输出结果可以看到，调用 insightface 并指定所有模块总共会返回 9 个指标值，其中人脸框坐标 (bbox)、人脸五个关键点 (kps) 和人脸检测置信度 (det_score) 属于人脸检测模型的检测结果，人脸 2D 关键点坐标个数 (landmark_2d_106)、人脸 3D 关键点坐标个数 (landmark_3d_68) 和人脸姿态 (pose，包含了 3 个旋转角度) 属于人脸对齐模型的检测结果，年龄 (age)、性别 (gender) 属于人脸属性模型的检测结果，人脸特征维度数 (embedding) 属于人脸识别模型的提取结果。

代码 6-3 是对代码 6-2 的识别结果进行可视化展示的过程，这样可以直观地感受模型的识别效果。

代码 6-3

```
import matplotlib.pyplot as plt

fig, axs = plt.subplots(1, 3,figsize = (20, 12)) # 定义 1*3 子图网格
## 绘制子图 1：人脸检测框、5 个关键点、性别和年龄
img_copy1 = img.copy()
xmin,ymin=int(face["bbox"][0]),int(face["bbox"][1])
xmax,ymax=int(face["bbox"][2]),int(face["bbox"][3])
start_point=(xmin,ymax)   # 左上角坐标
end_point=(xmax,ymin)     # 右下角坐标
color=(0,0,255)           # 设置线条颜色为红色
thickness=8               # 边框线条粗细
```

```python
cv2.rectangle(img_copy1,start_point,end_point,color,thickness)  # 图像上绘制边界框

radius = 12  # 半径大小
for point in face["kps"]:
    x,y=int(point[0]),int(point[1])
    cv2.circle(img_copy1, (x,y), radius, (255,0,0), -1)  # 图像上绘制 5 个关键点

gender='Male' if face["gender"]==1 else 'Female'
age=str(face["age"])
gender_age=gender+','+age
cv2.putText(
    img_copy1, gender_age, (xmin,ymin-10),
    cv2.FONT_HERSHEY_SIMPLEX, 5, (0, 255, 0), 5)  # 图像上绘制性别和年龄

b,g,r = cv2.split(img_copy1)                    # 分别提取 B、G、R 通道
img_copy1 = cv2.merge((r,g,b))                  # 重新组合为 RGB 顺序，即 plt 展示的默认顺序
axs[0].imshow(img_copy1)                        # 添加图片子图 1

## 绘制子图 2：106 个 2D 关键点
img_copy2 = img.copy()
for point in face["landmark_2d_106"]:
    x,y=int(point[0]),int(point[1])
    cv2.circle(img_copy2, (x,y), radius, (255,0,0), -1)
b,g,r = cv2.split(img_copy2)                    # 分别提取 B、G、R 通道
img_copy2 = cv2.merge((r,g,b))                  # 重新组合为 RGB 顺序，即 plt 展示的默认顺序
axs[1].imshow(img_copy2)                        # 添加图片子图 2

## 绘制子图 3：68 个 3D 关键点
img_copy3 = img.copy()
for point in face["landmark_3d_68"]:
    x,y=int(point[0]),int(point[1])
    cv2.circle(img_copy3, (x,y), radius, (255,0,0), -1)
b,g,r = cv2.split(img_copy3)                    # 分别提取 B、G、R 通道
img_copy3 = cv2.merge((r,g,b))                  # 重新组合为 RGB 顺序，即 plt 展示的默认顺序
axs[2].imshow(img_copy3)                        # 添加图片子图 3

# 显示图片
plt.show()
```

输出结果如图 6-2 所示。

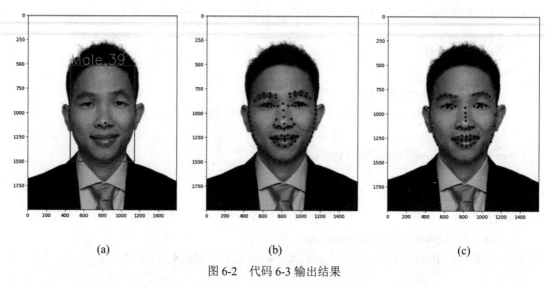

(a)   (b)   (c)

图 6-2   代码 6-3 输出结果

输出结果的图片中，图 6-2(a) 为人脸检测框、5 个关键点坐标和性别年龄属性的可视化，其中 Male 代表男性，39 代表年龄；图 6-2(b) 为 106 个 2D 人脸关键点坐标的可视化，可以看到关键点主要分布在眉毛、眼睛、鼻子、嘴巴及脸部轮廓；图 6-2(c) 为 68 个 3D 人脸关键点坐标的可视化，同样主要分布在眉毛、眼睛、鼻子、嘴巴及脸部轮廓。

任务6.3   基于 insightface 的人脸检索

本任务主要学习人脸注册、利用余弦相似度进行人脸匹配等技术，以完成人脸检索的应用实战。

任务目标

(1) 掌握人脸检索的应用流程。
(2) 掌握人脸特征的提取与存放。
(3) 掌握人脸特征的匹配。

相关知识

6.3.1   人脸注册

人脸注册的作用是对待注册人脸图像进行人脸检测，然后抽取人脸特征向量存储到人脸库，具体过程详见代码 6-4。

代码 6-4

```python
import pickle
model_pack_name='buffalo_l'          # 定义模型包名称
app = FaceAnalysis(                  # 定义 insightface 库人脸分析的类实例
    root='./',                       # 模型文件保存路径，如不存在则自动下载；默认新建 models 文件夹
    name=model_pack_name,            # 指定模型包名称，如不指定则默认为 buffalo_l
    allowed_modules=[                # 指定要运行的模块
        'detection',                 # 人脸检测模块
        'recognition',               # 人脸识别(特征提取)模块
    ],
)

app.prepare(
    ctx_id=-1,
    det_size=(640, 640)
)

register_images_dir='./register_images'
face_feats=[]
for file in sorted(os.listdir(register_images_dir)):   # 对图像文件按升序排序，以文件名编号作为人脸 ID
    id=file.split('.')[0]                              # 获取人脸 ID
    file_path=os.path.join(register_images_dir,file)
    img=cv2.imread(file_path)
    face = app.get(img)
    if len(face)>1:
        print('%s 检测到超过 1 个人脸，请检查！' %file)
    elif len(face)==0:
        print('%s 无法检测到人脸，请检查！' %file)
    else:
        face_feats.append(face[0]['embedding'])        # 将人脸特征向量存到列表
face_feats=np.array(face_feats)                        # 将列表转为数组，数组的索引号即为人脸 ID

with open('./database/face_database.pkl', 'wb') as f:  # 将人脸特征数组保存到本地文件
    pickle.dump(face_feats, f)
```

在本项目中，人脸特征库存放到数组里，并且将数组的索引号作为人脸 ID。在实际生产环境中，人脸特征一般存放到向量数据库，如此才能支撑亿级的人脸检索。向量数据库知识不在本书范畴，请读者自行探索。

6.3.2 人脸匹配

代码 6-5 是通过计算余弦相似度来将目标图像中的人脸特征与人脸特征库进行比对以完成人脸匹配的过程。

代码 6-5

```python
import numpy as np

def cosine_similarity(vectors, target_vector, threshold=0.5):
    """
    计算一组向量与目标向量的余弦相似度

    参数：
    vectors: 二维数组，每一行是一个向量
    target_vector: 一维数组，目标向量
    threshold: -1 到 1 之间的浮点数，相似度阈值

    返回：
    similarities: 一个打包的元组序列，包含注册向量的 ID 及其与目标向量的余弦相似度
    """
    # 将向量和目标向量单位化（归一化）
    vectors = vectors / np.linalg.norm(vectors, axis=1, keepdims=True)
    target_vector = target_vector / np.linalg.norm(target_vector)

    # 计算余弦相似度
    similarities = np.dot(vectors, target_vector)

    # 找到大于阈值的索引和值
    indices = np.where(similarities > threshold)
    values = similarities[indices]

    # 创建一个按照值大小倒序的索引顺序
    sorted_indices = np.argsort(values)[::-1]

    # 使用排序后的索引获取对应的值和原始索引
    sorted_values = values[sorted_indices]
    sorted_original_indices = indices[0][sorted_indices]

    return zip(sorted_original_indices, sorted_values)
```

```python
with open('./database/face_database.pkl', 'rb') as f:  # 加载人脸特征库
    face_database = pickle.load(f)

target_image='./test_images/test1.jpg'
img=cv2.imread(file_path)                    # 读取检测目标图像
face = app.get(img)
if len(face)>1:
    print('%s 检测到超过 1 个人脸,请检查! ' %file)
elif len(face)==0:
    print('%s 无法检测到人脸,请检查! ' %file)
else:
    target_embedding=face[0]['embedding']

results = cosine_similarity(face_database,target_embedding,0.6)  # 获取检索结果
for id,score in results:
    print(" 人脸编号:{} , 相似度分数:{:.2f}".format(id, score))
```

输出结果:

人脸编号:3 , 相似度分数:1.00

从输出结果看,与目标图片匹配的是人脸编号为 3 的对象,且相似度分数值为最大值 1,即代表完全相似。如图 6-3 所示,这两张图片的目标对象虽然确实是同一人,但是年龄相差了 6 年、体重相差了 20 斤,肉眼看来变化不小,但算法识别结果认为两者是 100% 相似,说明 insightface 人脸识别算法具有不错的鲁棒性。

(a) test1.jpg　　　　　　　　　　(b) 3.jpg

图 6-3　test1.jpg 与 3.jpg 的展示

项目总结

相信读者在按照以上代码示例进行操作后，对人脸采集注意事项、人脸注册、人脸匹配等人脸识别的重要技术应用已经有了初步的理解和掌握，并且能够独立完成人脸检索任务。

同时需要强调的是，任何技术的应用都必须遵守法律法规，尊重个人隐私，确保不侵犯公民的基本权利。

最后，在此鼓励读者在这个基础上进行探索，跟随 insightface 官方文档学习如何利用自定义人脸数据集进行人脸编码算法模型的微调，以便更好地理解人脸识别的原理。

1. 知识要点

为帮助读者回顾项目的重点内容，在此总结了项目中涉及的主要知识点：

(1) 人脸识别的 4 个步骤，即人脸检测、人脸对齐、人脸编码和人脸匹配。

(2) insightface 人脸识别框架的安装和使用。

(3) 人脸检索的全流程任务，包括人脸采集、人脸注册和人脸匹配。

2. 经验总结

人脸识别如要达到理想的效果，有以下几个建议：

(1) 保证数据采集的规范。保证人脸数据符合图像大小、光照环境、遮挡程度、采集角度等要求，并且保证目标图片中只有一个人脸。

(2) 采用向量数据库存储人脸特征。向量数据库作为人脸识别的完美搭配，可以提供高效的向量存储和检索功能，支持大规模向量数据处理和相似度检索，可以极大地提升人脸识别的效率。

(3) 设置恰当的相似度阈值。相似度阈值直接影响人脸识别的误识率和通过率。通常，阈值的设置要综合考虑客户体验和防风险能力两个因素，并通过大量测试数据的验证，保证误识率和通过率达到一个合适的平衡。

项目 7
风格迁移：基于 NST 与 AnimeGAN 的图像风格化

  项目背景

图像风格迁移技术可以将一种图像的风格(如纹理、笔触、色彩分布等)应用到另一张图像上，从而创造出具有独特视觉效果的新图像。本项目将利用图像风格迁移技术，将一幅普通的风景照片转化为具有中国传统国画风格的艺术作品，并将人像照片转换为动漫风艺术肖像。这一过程不仅是技术层面的创新，更是文化层面的传承与发展。它展示了如何利用现代科技手段，对传统文化元素进行创造性转化和创新性发展，体现了文化自信的内涵。

此外，风格迁移技术的应用也为我们提供了一种新的视角，去重新发现和认识传统文化的美。它鼓励我们在尊重传统的基础上，勇于创新，不断探索文化与科技结合的新可能。通过这样的学习和实践，读者将能够更加深刻地理解文化自信与文化创新的重要性，以及它们在推动社会进步和文化发展中的作用。

本项目通过 Neural Style Transfer(NST) 与 AnimeGAN 两种图像风格迁移算法的实战，向读者展示了图像风格迁移的实际应用和技术实现。

  项目内容

本项目首先介绍图像风格迁移方法及其广泛的应用领域，接着详细讲解 NST 与 AnimeGAN 两种风格迁移算法的原理、安装部署步骤和实现细节。项目分别通过自然风景的国画化和人脸的动漫风格化进行实战演示，展示其实际应用。

  知识目标

(1) 掌握基于 NST 进行图像风格迁移的实际操作技能。
(2) 掌握基于 AnimeGAN 进行图像风格迁移的实际操作技能。

能力目标

(1) 了解 NST 图像风格迁移原理。
(2) 掌握 NST 的安装与使用。
(3) 了解 AnimeGAN 图像风格迁移原理。
(4) 掌握 AnimeGAN 的安装与使用。

任务7.1 认识图像风格迁移

图像风格迁移是一种利用深度学习来实现图像风格转换的技术，它可以将一张图像的内容和另一张图像的风格融合在一起，创造出具有艺术效果的新图像。图像风格迁移的关键技术包括特征提取、风格表示和优化算法。特征提取通常使用预训练的深度学习模型来获得图像的高层特征。风格表示则涉及捕捉风格图像的独特风格，并将其编码为可以应用于目标图像的样式代码。优化算法则用于调整目标图像，使其在保持内容特征的同时，尽可能地匹配风格图像的风格特征。

任务目标

(1) 了解图像风格迁移方法。
(2) 了解图像风格迁移应用领域。

相关知识

7.1.1 图像风格迁移方法

图像风格迁移是一种利用深度学习技术实现的图像转换过程，其目标是将一幅图像(通常为艺术作品)的风格应用到另一幅目标图像上，同时保留目标图像内容的真实性。这一技术的背景起源于 2015 年的一篇开创性论文，由 Leon A. Gatys 等人提出。图像风格迁移为艺术家和设计师提供了一种新型的创作工具，展示了 AI 技术在非传统领域的潜力。图像风格迁移主要方法包括基于卷积神经网络 (CNN) 的方法、优化方法和生成对抗网络 (GAN) 方法。以下是几种主要方法的简单介绍：

(1) 基于卷积神经网络的方法：利用深度学习中的卷积神经网络，通过提取图像内容特征和风格特征，实现图像风格迁移。经典的 Neural Style Transfer(NST) 算法就是这种类型的方法。它使用预训练 CNN 来提取图像的特征，并通过优化使得生成图像的内容与内容图像相似，而风格则与风格图像相似。

(2) 优化方法：通过定义一个损失函数，对生成图像进行优化。该损失函数包括内容损失和风格损失。内容损失衡量生成图像与内容图像在内容上的相似性，而风格损失衡量生成图像与风格图像在风格上的相似性。通过迭代优化损失函数，可生成既保留内容图像结构又有风格图像风格的图像。

(3) 生成对抗网络方法：利用生成器和判别器的对抗训练，生成高质量的风格迁移图像。典型的例子有 AnimeGAN 算法。AnimeGAN 专门用于将真实世界的人像图像转换为动漫风格的图像，通过生成器和判别器的对抗训练实现高质量的动漫风格图像转换。

7.1.2 图像风格迁移应用领域

图像风格迁移近年来得到了广泛关注和应用，它通过优化图像内容和风格特征，使图像能够呈现出多样的艺术效果。以下是图像风格迁移在各个领域的应用及简单介绍：

(1) 艺术创作领域：图像风格迁移在艺术创作中的应用尤为显著。艺术家和设计师可以利用这项技术将普通的照片转换成具有特定艺术风格的图像，如水墨画、油画、水彩画、素描等。这种转换不仅提高了艺术创作的效率，还为艺术家提供更多的灵感和创作自由。例如，使用 NST 技术，用户可以轻松地将吴道子、唐伯虎等古代画家的画风应用到现代摄影作品中，创造出独特的视觉效果。

(2) 电影和动画领域：图像风格迁移技术可以用于场景的艺术化处理，增强视觉效果和艺术表现力。例如，在电影制作中，可以将真实场景转换为特定艺术风格的画面，营造出特定的视觉氛围；在动画制作中，图像风格迁移可以帮助动画师将手绘风格应用到数字动画中，节省大量的手工绘制时间和成本。

(3) 广告和营销领域：图像风格迁移技术可以用于打造吸引人的视觉效果，从而吸引更多的观众注意力。广告设计师可以将产品照片转换为不同艺术风格的图像，增加广告的艺术性和吸引力。例如，将产品图像转换为油画风格或漫画风格，可以使广告更加生动有趣，吸引消费者的注意。

(4) 教育和培训领域：通过将教学材料和训练数据转换为不同的艺术风格，可以提高教学内容趣味性和吸引力。例如，在美术教育中，教师可以使用图像风格迁移技术将学生的作品转换为不同艺术家的风格，帮助学生更好地理解和学习不同的艺术流派和技法。

图像风格迁移技术通过对图像的艺术风格进行转换，为各个领域带来了创新和发展潜力。下面将通过 NST、AnimeGAN 两种典型的图像风格迁移方法在自然风景和人脸两个场景中的实战，给读者带来图像风格迁移更直观的应用展示。

任务7.2 基于NST的图像风格迁移

本任务的核心目标是学习和掌握图像风格迁移 NST 技术,这是一种利用深度学习改变图像风格的方法。首先,我们介绍 NST 原理;随后,详细讲解基于 NST 的自然风景国画化实战过程。

任务目标

(1) 了解 NST 算法的基本原理和方法。
(2) 掌握 NST 算法的部署及项目工程结构。
(3) 掌握 NST 算法的实现过程,包括损失模块定义及预训练模型嵌入。

相关知识

7.2.1 NST 原理概述

NST 是一种利用卷积神经网络实现图像风格迁移的方法[4]。NST 算法的核心思想是使用预训练的卷积神经网络来提取图像的内容特征和风格特征,通过优化过程生成融合了内容图像和风格图像特征的图像。

在图像风格迁移过程中,通常涉及两幅图像:内容图像 (Content Image) 和风格图像 (Style Image)。内容图像提供图像的主要结构和主题,而风格图像则贡献其独特的视觉风格,如纹理、色彩布局和笔触。

NST 算法主要包括特征提取、内容表示、风格表示、总变差损失计算、总损失计算、优化过程 6 个步骤。

1. 特征提取

NST 的关键在于使用深度卷积神经网络 (通常是 VGG19) 来提取图像的内容和风格特征。卷积神经网络的不同层提取图像不同层次的特征:低层特征用于捕捉图像的细节,如边缘和纹理,通常在网络的前几层提取;高层特征用于捕捉图像的整体结构和对象,通常在网络的后几层提取。

2. 内容表示

内容表示通过网络的某一中间层的激活值来捕捉。假设 P 是内容图像,F 是卷积神经网络,P 的内容特征表示为 $F(P)$。内容损失 $L_{content}$ 衡量生成图像 G 和内容图像 P 在内容特

征上的相似性，其计算公式为

$$L_{content}(P,G) = \frac{1}{2}\sum_{i,j}\left(\sum_{ij}^{l}(G) - \sum_{ij}^{l}(P)\right)^2$$

式中，l 表示选取的卷积层。

3. 风格表示

风格表示通过计算卷积层输出特征图的 Gram 矩阵来捕捉。Gram 矩阵提供了一种在高维特征空间中高效计算样本间相似性的方法。Gram 矩阵是特征图的自相关矩阵，其计算方式为

$$G_{ij}^{l}\sum_{k}F_{ik}^{l}F_{jk}^{l}$$

其中，G_{ij}^{l} 是层 l 的特征图 F 在位置 i 和 j 的内积，F_{ij}^{l} 表示在层 l 中位置 (i,j) 的特征映射值，(i,j) 表示网络层的位置坐标。

风格损失 L_{style} 衡量生成图像 G 和风格图像 A 在风格特征上的相似性，其计算公式为

$$L_{style}(A,G) = \sum_{l}w_{l}E_{l}$$

式中，w_l 是层 l 的权重，E_l 是层 l 的误差，其计算公式为

$$E_l = \frac{1}{4N_l^2 M_l^2}\sum_{i,j}\left(G_{ij}^{l}(G) - G_{ij}^{l}(A)\right)^2$$

式中，N、M 分别代表图像的宽度和高度。

4. 总变差损失计算

为了使生成图像更平滑，避免过多噪声，引入总变差损失(Total Variation Loss)L_{tv}，其计算公式为

$$L_{tv}(G) = \sum_{i,j}\left((G_{i,j+1} - G_{i,j})^2 + (G_{i+1,j} - G_{i,j})^2\right)$$

5. 总损失计算

最终的损失函数是内容损失、风格损失和总变差损失的加权和，即

$$L_{total} = \alpha L_{content} + \beta L_{style} + \gamma L_{tv}$$

其中，α、β 和 γ 分别是内容损失、风格损失和总变差损失的权重系数。

6. 优化过程

随机初始化一幅图像，使用梯度下降法不断最小化总损失函数，使生成图像逐步接近既有内容图像的结构，又有风格图像的艺术风格。优化的过程通常是迭代的，直到生成图像达到预期的效果。

总结以上过程：内容特征通过网络某一中间层的激活值来捕捉，而风格特征则通过计算特征图的 Gram 矩阵来获取。内容损失衡量生成图像与内容图像在内容特征上的相似性，

而风格损失衡量生成图像与风格图像在风格特征上的相似性。为了生成平滑的图像,还引入了总变差损失。最终的损失函数是内容损失、风格损失和总变差损失的加权和,通过梯度下降法不断优化这一损失函数,使生成图像逐步接近既有内容图像的结构,又有风格图像的艺术风格。

7.2.2 自然风景国画化实战

自然风景国画化是图像风格迁移技术的一项实际应用,旨在将自然风景照片转换为中国国画风格的图像。实战中包括三个步骤,分别为实战环境安装、基于 NST 图像风格迁移代码讲解以及风格迁移结果展示。

1. NST 项目部署

NST 项目部署主要有源码下载、工程结构设置及安装依赖包三个部分,下面分别简单介绍这三个过程。本书提供完整的源码和预训练模型文件。

1) 源码下载

有以下两种方式获取源码:

一是通过本书提供的文件下载获取。

二是通过访问项目网页 https://pytorch.org/tutorials/advanced/neural_style_tutorial.html,下载项目源码到本地。

2) 工程结构

图 7-1 是本次工程的主要文件和目录结构。其中,weights 为模型存放的目录,inputs、outputs 分别为输入图像文件夹及输出风格化图像文件夹。NeuralStyleTutorial.py 用于脚本执行,NeuralStyleTutorial.ipynb 用于 jupyter 交互执行。requirements.txt 中包含项目所需的依赖包。

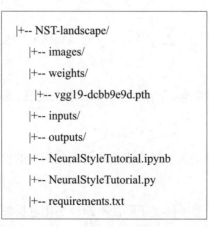

图 7-1　NST 项目的主要文件和目录结构

3) 安装依赖包

下载源码后,进入 NST-landscape 文件夹,打开 Anaconda 终端。利用 conda 创建 Python=3.10 的虚拟环境,并通过 pip 在该环境中安装环境包。以下命令为创建虚拟环境、激活虚拟环境、安装 python 依赖包操作：

```
conda create -n StyleT python=3.10      # 创建虚拟环境，Python 版本为 3.10
conda activate StyleT                   # 激活虚拟环境
pip install -i https://pypi.tuna.tsinghua.edu.cn/simple -r requirements.txt  # 安装环境依赖
```

"requirements.txt"文件里包含了 NST 项目所依赖的 Python 包，其中每个环境依赖包的说明如表 7-1 所示。

表 7-1　环境依赖包说明

环境依赖包名	环境依赖包说明
torch	一个开源的机器学习库，广泛应用于计算机视觉和自然语言处理
torchvision	PyTorch 的视觉库，包含了许多视觉图像处理的工具和预训练模型
Pillow	Python Imaging Library 的一个分支，支持打开、操作以及保存许多不同格式的图像文件
numpy	提供支持大量维度数组与矩阵运算的基础科学计算库，是大多数 Python 科学计算软件的基础库
matplotlib	一个 Python 绘图库，用于创建高质量的图形和图表

2. 基于 NST 风格迁移

基于 NST 实现自然风景国画化的代码文件为"NeuralStyleTutorial.ipynb"，下面对代码文件的重要组成部分进行说明讲解。

1) 数据加载

代码 7-1 是导入风格和内容图片的代码。原始的 PIL 图片的值介于 0 到 255 之间，但是当转换成 torch 张量时，它们的值被转换为 0 到 1 之间。图片也需要被重设为相同的维度。一个重要的细节是，torch 库中的神经网络用来训练的张量的值为 0 到 1 之间。如果你尝试将值为 0 到 255 的张量图片加载到神经网络，那么激活的特征映射将不能侦测到目标内容和风格。

代码 7-1

```python
import torch
import torch.nn as nn
import torch.nn.functional as F
import torch.optim as optim

from PIL import Image
import matplotlib.pyplot as plt

import torchvision.transforms as transforms
from torchvision.models import vgg19, VGG19_Weights


device = "cpu"
```

```python
imsize = 128  # 尺度可设置

# 图像加载器：调整图像大小并转换为张量
loader = transforms.Compose([
    transforms.Resize(imsize),
    transforms.ToTensor()])


def image_loader(ori_name, style_name):
    ori_image = Image.open(ori_name).convert("RGB")
    style_image = Image.open(style_name).convert("RGB")
    style_image = style_image.resize(ori_image.size)  # 风格图像向内容图像尺度对齐
    ori_image = loader(ori_image).unsqueeze(0)
    style_image = loader(style_image).unsqueeze(0)
    return ori_image.to(device, torch.float), style_image.to(device, torch.float)

content_img, style_img = image_loader("images/content.png", "images/style.png")
```

2) 图像数据显示

代码 7-2 是图形可视化的代码，展示了如何在使用 PyTorch 进行深度学习操作后，使用 matplotlib 来显示和检查内容和风格图像。这是图像风格迁移任务的调试和可视化过程中常见的步骤。

代码 7-2

```python
# 图像卸载器：将张量转换回 PIL 图像格式
unloader = transforms.ToPILImage()
plt.ion()
def imshow(tensor, title=None):
    image = tensor.cpu().clone()  # 克隆张量并保持张量值不变
    image = image.squeeze(0)      # 删除伪批次维度
    image = unloader(image)
    plt.imshow(image)
    if title is not None:
        plt.title(title)
    plt.pause(0.001) # 停顿一段时间来更新图表
plt.figure()
imshow(style_img, title='Style Image')
plt.figure()
imshow(content_img, title='Content Image')
```

3) 内容特征提取

NST 的内容特征提取是一个关键的过程，它涉及从预定的内容图像和风格图像中提取出重要的特征以供后续的风格融合。内容特征提取首先需要从内容图像中提取出代表其主要视觉内容的高层特征，这通常涉及识别图像中的物体、形状和结构等信息。然后使用预训练的深度卷积神经网络 (例如 VGG 网络)，将内容图像作为输入，提取中间层的激活值作为内容特征。一般来说,网络中较深层的卷积层能够捕捉图像更复杂、更抽象的内容信息。

在代码 7-3 中，内容特征提取通过以下步骤来实现：首先模型中第一个模块是正则化模块 (Normalization)，这是为了将输入图像的数据标准化，即调整图像的均值和标准差，使模型在不同的图像输入上表现更稳定。然后在预训练的卷积神经网络中选择特定的卷积层作为内容层。在这个例子中，默认情况下选择的是第四个卷积层 (conv_4)。这个层被认为能够捕捉足够的高级特征信息，而不过于具体到细节。

代码 7-3

```python
cnn_normalization_mean = torch.tensor([0.485, 0.456, 0.406])
cnn_normalization_std = torch.tensor([0.229, 0.224, 0.225])


class Normalization(nn.Module):
    def __init__(self, mean, std):
        super(Normalization, self).__init__()
        # .view the mean and std to make them [C x 1 x 1] so that they can
        # directly work with image Tensor of shape [B x C x H x W].
        # B is batch size. C is number of channels. H is height and W is width.
        self.mean = torch.tensor(mean).view(-1, 1, 1)
        self.std = torch.tensor(std).view(-1, 1, 1)

    def forward(self, img):
        # normalize "img"
        return (img - self.mean) / self.std


content_layers_default = ['conv_4']
…中间代码省略…
if name in content_layers:
    target = model(content_img).detach()
```

4) 损失加权和优化

在图像风格迁移任务中，损失函数是优化过程的核心，它定义了目标图像与内容图像和风格图像之间的差异程度。整个过程是通过最小化这些损失函数值来调整生成图像的像素值，以使其在视觉上同时捕捉到内容图像的内容和风格图像的风格。通常情况下，损失函数由两个主要部分组成：内容损失 (Content Loss) 和风格损失 (Style Loss)。

代码 7-4 为内容损失模块。内容损失的作用是确保目标图像在像素级别上与内容图像保持相似。它通常是通过计算内容图像和目标图像在某些深度层的激活值之间的误差来实现的。本项目中计算内容损失的方法是使用平均平方误差 (Mean Squared Error，MSE) 来度量预选层的特征激活值之间的差异。

代码 7-4

```
class ContentLoss(nn.Module):
    # 内容损失模块
    def __init__(self, target,):
        super(ContentLoss, self).__init__()
        # 将目标内容图像从计算图中分离，避免反向传播影响
        self.target = target.detach()

    def forward(self, input):
        # 计算内容图像和目标图像之间的均方误差损失
        self.loss = F.mse_loss(input, self.target)
        return input
```

代码 7-5 为风格损失模块。风格损失的作用是测量目标图像和风格图像在风格上的差异。它是通过在多个卷积层的特征图上使用 Gram 矩阵来实现的。本项目中是通过输出每个选定的风格层 (style layers) 特征图，计算目标图像和风格图像的特征激活的 Gram 矩阵，然后使用这两个 Gram 矩阵之间的平均平方误差来定义风格损失。

代码 7-5

```
# 计算 Gram 矩阵的函数，用于风格表示
def gram_matrix(input):
    a, b, c, d = input.size()
    features = input.view(a * b, c * d)  # 调整输入特征图的形状
    G = torch.mm(features, features.t())  # 计算 Gram 矩阵
    return G.div(a * b * c * d)  # 归一化 Gram 矩阵，并返回

class StyleLoss(nn.Module):
    # 风格损失模块
    def __init__(self, target_feature):
        super(StyleLoss, self).__init__()
        # 计算目标风格图像的 Gram 矩阵，并从计算图中分离
        self.target = gram_matrix(target_feature).detach()

    def forward(self, input):
        G = gram_matrix(input)  # 计算输入图像的 Gram 矩阵
```

```
# 计算输入图像的 Gram 矩阵和目标风格图像的 Gram 矩阵之间的均方误差损失
self.loss = F.mse_loss(G, self.target)
return input
```

5) 基于 VGG 的 NST 模型及损失函数设置

代码 7-6 为 NST 模型加载及损失函数设置模块,使用 torchvision 实例化 VGG 卷积神经网络的预训练模型,基于该预训练模型构建包含内容损失和风格损失的模型。

代码 7-6

```
try:
    # 本地加载预训练模型
    model_path = "weights/vgg19-dcbb9e9d.pth"
    model = vgg19(weights=None)            # 定义模型(不加载默认预训练权重)
    state_dict = torch.load(model_path)    # 加载本地保存的模型权重
    model.load_state_dict(state_dict)      # 将加载的权重应用到模型
    cnn = model.features.eval().to(device)
except:
    # 加载预训练的 VGG19 模型并设置为评估模式
    cnn = vgg19(weights=VGG19_Weights.DEFAULT).features.eval().to(device)

# 设置归一化参数
cnn_normalization_mean = torch.tensor([0.485, 0.456, 0.406]).to(device)
cnn_normalization_std = torch.tensor([0.229, 0.224, 0.225]).to(device)

# 定义所需的内容层和风格层
content_layers_default = ['conv_4']
style_layers_default = ['conv_1', 'conv_2', 'conv_3', 'conv_4', 'conv_5']

# 构建包含内容损失和风格损失的模型
def get_style_model_and_losses(cnn, normalization_mean, normalization_std,
                style_img, content_img,
                content_layers=content_layers_default,
                style_layers=style_layers_default):
    # 创建归一化模块
    normalization = Normalization(normalization_mean, normalization_std)

    # 初始化内容损失和风格损失的列表
    content_losses, style_losses = [], []
    # 创建一个 Sequential 模块,将归一化模块加入模型
    model = nn.Sequential(normalization)
```

```python
i = 0  # 记录卷积层的数量
for layer in cnn.children():  # 遍历预训练的 VGG19 模型的每一层
    if isinstance(layer, nn.Conv2d):
        i += 1
        name = 'conv_{}'.format(i)
    elif isinstance(layer, nn.ReLU):
        name = 'relu_{}'.format(i)
        layer = nn.ReLU(inplace=False)
    elif isinstance(layer, nn.MaxPool2d):
        name = 'pool_{}'.format(i)
    elif isinstance(layer, nn.BatchNorm2d):
        name = 'bn_{}'.format(i)
    else:
        raise RuntimeError('Unrecognized layer: {}'.format(layer.__class__.__name__))

    # 将层添加到模型中
    model.add_module(name, layer)

    if name in content_layers:  # 如果层名在内容层列表中
        # 前向传播计算内容图像的特征,并从计算图中分离
        target = model(content_img).detach()
        # 创建内容损失模块并添加到模型中
        content_loss = ContentLoss(target)
        model.add_module("content_loss_{}".format(i), content_loss)
        content_losses.append(content_loss)

    if name in style_layers:  # 如果层名在风格层列表中
        target_feature = model(style_img).detach()
        style_loss = StyleLoss(target_feature)
        model.add_module("style_loss_{}".format(i), style_loss)
        style_losses.append(style_loss)

# 剔除非损失层的模块,只保留损失层及之前的所有层
for i in range(len(model) - 1, -1, -1):
    if isinstance(model[i], ContentLoss) or isinstance(model[i], StyleLoss):
        break

model = model[:(i + 1)]

return model, style_losses, content_losses
```

6) 图像生成

在定义好卷积神经网络的特征提取层和损失函数后，就可以执行图像风格迁移任务了，在代码 7-7 中，定义了一个函数 run_style_transfer()，目标图像不断被迭代更新，以减少其内容与内容图像间的差异性以及其风格与风格图像间的差异性。直到达到预定的迭代次数，或者损失函数收敛至某个阈值以下，图像更新停止。最终，这段代码输出了具有风格图像特征的内容图像，完成了风格迁移任务。

代码 7-7

```python
def get_input_optimizer(input_img):
    # 该函数接受一个输入图像 input_img，并返回一个优化器 optimizer
    optimizer = optim.LBFGS([input_img])
    return optimizer


def run_style_transfer(cnn, normalization_mean, normalization_std,
            content_img, style_img, input_img, num_steps=300,
            style_weight=1000000, content_weight=1):
    """cnn：预训练的卷积神经网络模型 (VGG19)
    normalization_mean 和 normalization_std：用于图像标准化的均值和标准差
    content_img 和 style_img：内容图像和风格图像
    input_img：初始化的输入图像
    num_steps：优化步骤的数量，默认值为 300
    style_weight 和 content_weight：风格损失和内容损失的权重
    """
    # 构建风格迁移模型，并获取风格损失和内容损失层
    model, style_losses, content_losses = get_style_model_and_losses(cnn,
        normalization_mean, normalization_std, style_img, content_img)

    input_img.requires_grad_(True)
    model.eval()
    model.requires_grad_(False)

    optimizer = get_input_optimizer(input_img)
    print('Optimizing..')
    run = [0]
    while run[0] <= num_steps:
        def closure():
            # closure 函数的作用是确保在每次优化步骤中都正确计算损失并进行反向传播
            # LBFGS 需要在单次优化步骤中多次调用该函数评估模型损失和梯度，来高效优化
            with torch.no_grad():
```

```python
        # 修正更新后的输入图像的值，将其限定在 [0, 1] 范围内
            input_img.clamp_(0, 1)
        optimizer.zero_grad()  # 清除优化器的梯度

        model(input_img)  # 前向传播计算模型输出

        style_score = 0
        content_score = 0
        for sl in style_losses:  # 计算总风格损失
            style_score += sl.loss
        for cl in content_losses:  # 计算总内容损失
            content_score += cl.loss
        style_score *= style_weight  # 加权风格损失
        content_score *= content_weight  # 加权内容损失
        # 计算总损失并反向传播
        loss = style_score + content_score
        loss.backward()

        run[0] += 1
        if run[0] % 50 == 0:
            print("run {}:".format(run))
            print('Style Loss : {:4f} Content Loss: {:4f}'.format(
                style_score.item(), content_score.item()))
            print()
        return style_score + content_score
    optimizer.step(closure)
# 最后一次修正输入图像的值
with torch.no_grad():
    input_img.clamp_(0, 1)
return input_img

input_img = content_img.clone()
output = run_style_transfer(cnn, cnn_normalization_mean, cnn_normalization_std,
            content_img, style_img, input_img)

plt.figure()
imshow(output, title='Output Image')

plt.ioff()
plt.show()
```

如图 7-2 所示，图 7-2(a) 为风格图像，图 7-2(b) 为内容图像，图 7-2(c) 为风格迁移生成图像，可以看出该算法能够将风格图像的特征融入到内容图像中。

(a) 风格图像　　　　　　　(b) 内容图像　　　　　　(c) 风格迁移生成图像

图 7-2　NST 风格迁移结果比对图

任务7.3　基于 AnimeGAN 的图像风格迁移

AnimeGAN 是一种基于生成对抗网络 (GAN) 的图像风格迁移方法，专门用于将真实世界的人像图像转换为动漫风格的图像。AnimeGAN 算法风格迁移的过程中仅需要提供内容图像，算法会生成具备内容图像特征且包含其模型预训练风格的新图像。本任务基于 AnimeGAN 来完成图像风格迁移，首先介绍其原理，然后详细讲解基于 AnimeGAN 的人脸风格化实战过程。

任务目标

(1) 了解 AnimeGAN 的基本原理和方法。
(2) 掌握 AnimeGAN 算法的部署及项目工程结构。
(3) 掌握 AnimeGAN 算法的实现细节，包括生成器模型网络结构及模型推理。

相关知识

7.3.1　AnimeGAN 原理概述

AnimeGAN 是一种专门用于将真实世界的人像图像转换为动漫风格图像的生成对抗网络方法[5]。该方法通过生成器和判别器的对抗训练，实现高质量的动漫风格迁移。AnimeGAN 主要由两部分组成：生成器 (Generator) 和判别器 (Discriminator)。生成器的任务是将输入的真实图像转换为动漫风格的图像，而判别器的任务是区分生成的动漫图像和真实的动漫图像。这两个网络通过对抗训练相互提升，使得最终生成的图像能够以假乱真。

生成器采用了卷积神经网络的架构，其任务是将输入图像转换为具有动漫风格的图像。生成器网络通常包括一系列的卷积层和反卷积层，逐步提取输入图像的特征并进行风格转换。生成器的训练目标是生成足以欺骗判别器的动漫风格图像。

判别器也是一个卷积神经网络,其任务是区分生成的图像和真实的动漫图像。判别器通过不断学习来提高自身的辨别能力,从而促使生成器生成更为真实的动漫风格图像。

生成器和判别器通过对抗训练相互竞争和提升。生成器尝试生成能够欺骗判别器的图像,而判别器则不断改进,以便更好地识别生成的图像是否真实。这个过程通过最小化生成器和判别器的损失函数来实现。

7.3.2 人脸风格化实战

人脸风格化是图像风格迁移技术的一项实际应用,实战包括实战环境安装、基于AnimeGAN 图像风格迁移代码讲解以及风格迁移结果展示。

1. AnimeGAN 部署

AnimeGAN 项目部署主要有源码下载、工程结构两部分。由于 AnimeGAN 算法的依赖环境与 NST 算法的相同,故可参考 7.2.2 节中的环境安装。本书提供完整的源码和预训练模型文件。

1) 源码下载

有以下三种方式获取源码:

一是通过本书提供的文件下载获取。

二是通过 git 命令将项目代码 clone 到本地,命令如下:

```
git clone https://github.com/bryandlee/animegan2-pytorch.git
```

三是通过访问项目网页 https://github.com/bryandlee/animegan2-pytorch,下载项目压缩包到本地后解压。

2) 工程结构

图 7-3 是本次工程的主要文件和目录结构。其中,inputs、outputs 分别为输入图像文件夹及输出风格化图像文件夹,weights 为模型存放的目录,model.py 为生成器部分的脚本实现,test.py 为推理脚本,requirements.txt 中包含项目所需的依赖包。

```
|+-- animegan2-pytorch/
   |+-- inputs/
   |+-- outputs/
   |+-- weights/
      |+-- face_paint_512_v1.pt
      |+-- face_paint_512_v2.pt
      |+-- ……
   |+-- model.py
   |+-- test.py
   |+-- requirements.txt
```

图 7-3 AnimeGAN 项目的主要文件和目录结构

2. 基于 AnimeGAN 实现人脸风格化

基于 AnimeGAN 实现人脸风格化图像生成的代码文件对应为 test.py、model.py，下面对代码文件的重要组成部分进行说明。

1）网络结构

这部分主要为模型加载部分，主要有 ConvNormLReLU 模块、倒置残差块及生成器网络。ConvNormLReLU 模块组合了填充层、卷积层、归一化层和 LeakyReLU 激活函数，方便构建网络层。填充层根据 pad_mode 选择填充方式，包括零填充、复制填充和反射填充。倒置残差块 (InvertedResBlock) 包含扩展层、深度卷积层和点卷积层，在层之间使用跳跃连接来增强梯度传递。生成器网络包含多个顺序块，每个块由 ConvNormLReLU 组合层组成，在块之间使用双线性插值进行上采样处理。最终通过 out_layer 输出结果，并使用 Tanh 激活函数将输出限制在 [-1, 1] 范围内。具体可见代码 7-8。

代码 7-8

```python
import torch
from torch import nn
import torch.nn.functional as F


class ConvNormLReLU(nn.Sequential):
    """ 定义带有填充层、卷积层、归一化层和 LeakyReLU 激活函数的模块 """
    def __init__(self, in_ch, out_ch, kernel_size=3, stride=1, padding=1, pad_mode="reflect", groups=1, bias=False):
        pad_layer = {
            "zero":    nn.ZeroPad2d,
            "same":    nn.ReplicationPad2d,
            "reflect": nn.ReflectionPad2d,
        }
        if pad_mode not in pad_layer:
            raise NotImplementedError
        super(ConvNormLReLU, self).__init__(
            pad_layer[pad_mode](padding),  # 添加填充层
            nn.Conv2d(in_ch, out_ch, kernel_size=kernel_size, stride=stride, padding=0, groups=groups, bias=bias),  # 卷积层
            nn.GroupNorm(num_groups=1, num_channels=out_ch, affine=True),  # 归一化
            nn.LeakyReLU(0.2, inplace=True)  # LeakyReLU 激活函数
        )


class InvertedResBlock(nn.Module):
```

```python
# 定义倒置残差块
def __init__(self, in_ch, out_ch, expansion_ratio=2):
    super(InvertedResBlock, self).__init__()

    self.use_res_connect = in_ch == out_ch  # 检查输入和输出通道数是否相同
    bottleneck = int(round(in_ch*expansion_ratio))  # 计算瓶颈层的通道数
    layers = []
    if expansion_ratio != 1:  # 扩展层
        layers.append(ConvNormLReLU(in_ch, bottleneck, kernel_size=1, padding=0))
    layers.append(ConvNormLReLU(bottleneck, bottleneck, groups=bottleneck, bias=True))  # 深度卷积层

    layers.append(nn.Conv2d(bottleneck, out_ch, kernel_size=1, padding=0, bias=False))
    layers.append(nn.GroupNorm(num_groups=1, num_channels=out_ch, affine=True))

    self.layers = nn.Sequential(*layers)

def forward(self, input):
    out = self.layers(input)
    if self.use_res_connect:
        out = input + out
    return out


class Generator(nn.Module):
    """ 定义生成器网络 """
    def __init__(self, ):
        super().__init__()
        self.block_a = nn.Sequential(
            ConvNormLReLU(3,  32, kernel_size=7, padding=3),
            ConvNormLReLU(32, 64, stride=2, padding=(0,1,0,1)),
            ConvNormLReLU(64, 64)
        )
        self.block_b = nn.Sequential(
            ConvNormLReLU(64,  128, stride=2, padding=(0,1,0,1)),
            ConvNormLReLU(128, 128)
        )
        self.block_c = nn.Sequential(
            ConvNormLReLU(128, 128),
            InvertedResBlock(128, 256, 2),
            InvertedResBlock(256, 256, 2),
```

```
    InvertedResBlock(256, 256, 2),
    InvertedResBlock(256, 256, 2),
    ConvNormLReLU(256, 128),
)

self.block_d = nn.Sequential(
    ConvNormLReLU(128, 128),
    ConvNormLReLU(128, 128)
)
self.block_e = nn.Sequential(
    ConvNormLReLU(128, 64),
    ConvNormLReLU(64,  64),
    ConvNormLReLU(64,  32, kernel_size=7, padding=3)
)
self.out_layer = nn.Sequential(
    nn.Conv2d(32, 3, kernel_size=1, stride=1, padding=0, bias=False),
    nn.Tanh()
)

def forward(self, input, align_corners=True):
    out = self.block_a(input)
    half_size = out.size()[-2:]
    out = self.block_b(out)
    out = self.block_c(out)
    if align_corners:
        out = F.interpolate(out, half_size, mode="bilinear", align_corners=True)
    else:
        out = F.interpolate(out, scale_factor=2, mode="bilinear", align_corners=False)
    out = self.block_d(out)
    if align_corners:
        out = F.interpolate(out, input.size()[-2:], mode="bilinear", align_corners=True)
    else:
        out = F.interpolate(out, scale_factor=2, mode="bilinear", align_corners=False)
    out = self.block_e(out)
    out = self.out_layer(out)
    return out
```

2) 模型推理

模型推理部分需输入模型路径、待推理图像所在文件夹、输出文件夹以及推理设备等，具体见代码7-9。

代码 7-9

```python
import os
import argparse
from PIL import Image
import numpy as np
import torch
from torchvision.transforms.functional import to_tensor, to_pil_image
from model import Generator
# 配置 PyTorch，确保可重复性和关闭非确定性算法
torch.backends.cudnn.enabled = False
torch.backends.cudnn.benchmark = False
torch.backends.cudnn.deterministic = True

# 加载并预处理图像的函数
def load_image(image_path, x32=False):
    img = Image.open(image_path).convert("RGB")  # 打开图像并转换为 RGB 格式
    if x32:  # 如果需要，将图像调整为 32 的倍数大小
        def to_32s(x):
            return 256 if x < 256 else x - x % 32
        w, h = img.size
        img = img.resize((to_32s(w), to_32s(h)))
    return img


def test(args):
    """test 函数加载生成器模型，对输入目录中图像进行风格转换，将结果保存到输出目录
    """
    # 加载生成器模型
    device = args.device
    net = Generator()
    net.load_state_dict(torch.load(args.checkpoint, map_location="cpu"))
    net.to(device).eval()
    print(f"model loaded: {args.checkpoint}")

    os.makedirs(args.output_dir, exist_ok=True)  # 创建输出目录
    for image_name in sorted(os.listdir(args.input_dir)):  # 处理输入目录中的每张图像
        if os.path.splitext(image_name)[-1].lower() not in [".jpg", ".png",".bmp",".tiff"]:
            continue
        # 加载并预处理图像
        image = load_image(os.path.join(args.input_dir, image_name), args.x32)
```

```
with torch.no_grad():
    image = to_tensor(image).unsqueeze(0) * 2 - 1            # 图像转换为张量并归一化
    out = net(image.to(device), args.upsample_align).cpu()   # 生成器执行
    out = out.squeeze(0).clip(-1, 1) * 0.5 + 0.5
    out = to_pil_image(out)

    out.save(os.path.join(args.output_dir, image_name))      # 保存转换后的图像
    print(f"image saved: {image_name}")

if __name__ == '__main__':
    parser = argparse.ArgumentParser()
    parser.add_argument('--checkpoint', type=str, default='./weights/face_paint_512_v2.pt',)
    parser.add_argument('--input_dir', type=str, default='./inputs',)
    parser.add_argument('--output_dir', type=str, default='./outputs',)
    parser.add_argument('--device',type=str,default='cpu',)
    parser.add_argument('--upsample_align',type=bool,default=False,
        help="Align corners in decoder upsampling layers"
    )
    parser.add_argument('--x32',action="store_true",help="Resize images to 32")
    args = parser.parse_args()
    test(args)
```

AnimeGAN 风格迁移结果比对如图 7-4 所示。其中,图 7-4(a) 为原始图像,图 7-4(b) 为风格迁移结果展示,可以看到该模型能够将动漫风格迁移到原始图像中,在具备风格特征的同时能够保持原始图像的内容特征。

(a) 原始图像 (b) 风格迁移结果

图 7-4　AnimeGAN 风格迁移结果比对图

项 目 总 结

相信读者在按照以上示例进行自然风景国画化及人脸风格化两个实战操作后，能够对 NST 方法中图像内容和风格特征提取、预训练的 VGG 网络和 Gram 矩阵的使用、损失函数的定义和优化、生成图像的评估和分析等图像风格迁移的基础步骤有了初步的理解和掌握，并且能够独立完成一个简单的图像美化和创作的任务；同时也对 AnimeGAN 图像风格迁移原理有了一定了解，能够搭建其生成器网络结构并加载预训练模型完成风格迁移。

最后，提醒读者的是，以上内容只是比较简单的示例，需要不断地实验和优化。在此鼓励读者在这个基础上进行探索，尝试不同的内容图像和风格图像，以及自己的图像，来创作出不同的风格化图像。

1. 知识要点

为帮助读者回顾项目的重点内容，在此总结了项目中涉及的主要知识点：

(1) NST 的原理，包括使用深度神经网络提取图像的内容和风格特征，以及使用优化算法生成风格迁移后的图像。

(2) NST 算法的网络结构搭建及损失函数设置。

(3) NST 的实现过程，包括加载和预处理图像数据，构建和初始化网络模型，设置和调整损失函数，执行优化算法，保存和展示风格迁移后的图像。

(4) AnimeGAN 算法原理，包括生成对抗网络各模块作用。

(5) AnimeGAN 的实现过程，包括图像加载与预处理、初始化预训练模型以及模型推理。

2. 经验总结

在图像风格迁移任务中，有以下几个实用的建议可以帮助优化模型的性能：

(1) 理解基于 CNN 的风格迁移的基本原理。深入理解图像风格迁移的基本原理，包括内容损失、风格损失、总变差损失以及优化算法的作用和原理，这对于合理设计模型架构至关重要。

(2) 合适的特征提取网络选择。选择一个预训练的特征提取网络，如 VGG3、ResNet 等，作为图像风格迁移的基础网络，可以提高和改善模型的效率和效果。一般来说，选择一个在图像分类任务上表现良好的网络，可以更好地提取图像的内容和风格特征。

(3) 合适的内容和风格层选择。选择合适的内容和风格层是图像风格迁移的关键步骤。一般来说，选择较浅的层作为内容层，可以保留图像的低层次的细节信息；选择较深的层作为风格层，可以捕捉图像的高层次的抽象信息。同时，可以尝试多个风格层的组合，以增加风格的多样性和复杂度。

(4) 合适的损失函数权重选择。选择合适的损失函数权重，是平衡内容和风格的重要因素。一般来说，内容损失的权重应该小于风格损失的权重，以避免生成的图像过于接近内容图像。同时，可以根据不同的风格图像和内容图像调整损失函数权重，以达到最佳的视觉效果。

(5) 合适的优化算法和学习率选择。选择合适的优化算法和学习率，是加速模型收敛和提高模型稳定性的重要因素。一般来说，使用 Adam 或 LBFGS 等自适应的优化算法，可以更快地找到最优解。同时，选择一个合适的初始学习率，并使用学习率衰减策略，可以避免模型陷入局部最优或振荡。

(6) 合适的图像尺寸和初始化选择。选择合适的图像尺寸和初始化，是影响模型运行时间和生成效果的重要因素。一般来说，选择较小的图像尺寸，可以减少模型的计算量和内存消耗，但可能导致生成的图像细节不清晰；选择较大的图像尺寸，可以提高生成的图像质量，但可能增加模型的运行时间和内存占用。同时，选择一个合适的图像初始化方式，如随机噪声、内容图像或风格图像，可以影响模型的收敛速度和生成效果。

项目 8
以文修图：基于 Grounded-SAM 大模型的图像编辑

项目背景

AI 大模型作为数字化、智能化的新型基础设施，颠覆了传统的生产和生活方式，促进了生产力的跃迁，特别是从算力向机器智力的转变，使其成为新质生产力的重要技术底座。随着计算机视觉技术的迅速发展，视觉大模型在各种应用领域中的重要性不断增加。视觉大模型是科技创新的产物，其升级和迭代推动了数字经济时代的智能化发展，为各行各业带来了更高效的解决方案和创新应用。这些大模型能够处理和分析大规模的视觉数据，提供从简单的图像分类、目标检测到复杂的场景理解、图像编辑和图文交互等功能。

本项目通过 Grounded-SAM 项目整合三个视觉大模型在以文修图任务上的应用，向读者展示了通过文本描述实现图像编辑的实战过程。

项目内容

本项目首先介绍 Grounded-SAM 开源项目的主要内容，并针对图像编辑过程中的 Grounding DINO、SAM 和 stable diffusion 这 3 个大模型进行介绍，然后讲解了 Grounded-SAM 项目的部署和使用，并基于 Gradio 构建了一个交互式的图像编辑演示程序。最后，项目以自制的猫咪数据集完成了对 Grounding DINO 模型的微调演示。

工程结构

图 8-1 是项目的主要文件和目录结构。其中，assets 为存放样例展示图像的目录，bert-base-uncased、runwayml 为存放模型的目录，Grounding DINO、segment_anything 为两个模型源码目录，outputs 为图像处理后输出路径，run_grounding_dino_demo.py、run_sam_demo.py、run_stable-diffusion-inpainting.py 分别为检测、分割、编辑三个模型处理过程的样例代码，gradio_app.py 为本项目的可视化图像编辑演示程序源码。

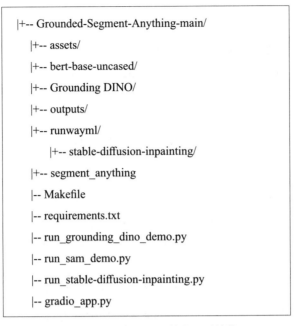

图 8-1　项目的主要文件和目录结构

知识目标

(1) 掌握基于 Grounded-SAM 项目进行图像编辑的实际操作技能。
(2) 掌握 Gradio 快速演示工具的使用。
(3) 掌握大模型 Grounding DINO 的微调。

能力目标

(1) 掌握 Grounded-SAM 的安装与使用。
(2) 了解 Grounded-SAM 图像编辑的 3 个步骤及原理。
(3) 掌握 Gradio 快速演示工具。
(4) 掌握基于 MMDetection 的模型微调。

任务8.1　认识 Grounded-SAM 开源项目

本任务首先学习基于计算机视觉大模型组合的 Grounded-SAM 开源项目，然后介绍 Grounded-SAM 开源项目中涉及的三个视觉大模型，即 Grounding DINO、SAM 和 stable diffusion，同时详细讲解这三个模型的安装及使用。

【任务目标】

(1) 了解 Grounded-SAM 项目。
(2) 掌握 Grounding DINO、SAM、stable diffusion 的安装及使用。

【相关知识】

8.1.1 Grounded-SAM 概述

Grounded-SAM 开源项目全名为 Grounded-Segment-Anything，由 IDEA-Research 团队创建。项目的核心思想是结合不同的大模型优势，构建一个强大的流程来解决复杂的问题。具体就本项目来说，项目通过结合以下几个关键组件来实现对图像的自动检测、分割和生成：

(1) Grounding DINO：这是一个由 IDEA-Research 团队提出和发布的开集目标检测算法模型，它的独特之处在于能够识别并定位图像中由文本提示指定的任意对象，而且不受限于在训练阶段遇到的特定类别。这意味着，与传统的闭集目标检测模型(仅能识别训练期间见过的类别)不同，Grounding DINO 具有更强的灵活性和泛化能力，可以被称为"Detect Anything"模型。

(2) SAM(Segment Anything Model)：这是由 Meta(前 Facebook)提出的一种图像分割模型，旨在实现对图像中任何内容的语义分割。SAM 同样结合了深度学习和自然语言处理技术，以支持对由文本提示指定的任何对象或场景的分割。

(3) stable diffusion：这是由 Stability AI 等开发的一种基于深度学习的图像生成模型，采用扩散模型和变分自编码器的技术，旨在生成高质量、高分辨率的图像。它能够根据用户的文本描述生成详细、逼真的图像。用户可以输入任何描述，例如"一只在月光下飞翔的猫"，模型则能生成与描述相匹配的图像。

这种整合为连接各种视觉模型打开了一扇门，使得可以使用 Grounded-SAM 的组合流程来灵活完成广泛的视觉任务。值得一提的是，这是一个结合强大专家模型的工作流程，其中所有部分都可以单独使用或组合使用，并且可以用任何类似但不同的模型替换。例如，通过组合 BLIP、Grounding DINO 和 SAM 等模型用于自动标签系统，可以仅基于输入图像实现自动标注流程；通过组合 Whisper、Grounding DINO 和 SAM 等模型可以实现通过语音检测和分割任何物体。

本项目主要利用 Grounded-SAM 项目中的 Grounding DINO、SAM 和 stable diffusion 进行组合，实现以文修图的任务。

8.1.2 Grounded-SAM 的部署和使用

Grounded-SAM 项目整合了多个视觉大模型的使用代码，其中包括 Grounding DINO、

SAM 和 stable diffusion 模型。因此，本小节主要带领读者对 Grounded-SAM 进行部署，然后分别对 3 个模型进行使用演示，最终掌握 Grounding DINO、SAM 和 stable diffusion 模型的基本使用及其在项目中的作用。

1. Grounded-SAM 部署

Grounded-SAM 部署主要有源码下载、安装依赖包、预训练模型下载三部分，下面分别简单介绍这三个过程。本书提供有完整的源码和预训练模型文件。

1) 源码下载

有以下三种方式获取源码：

一是通过本书提供的下载文件获取。

二是通过 git 命令将项目代码 clone 到本地，命令如下：

```
git clone https://github.com/IDEA-Research/Grounded-Segment-Anything.git
```

三是通过访问项目网页 https://github.com/IDEA-Research/Grounded-Segment-Anything，下载项目压缩包到本地后解压。

2) 安装依赖包

下载源码后，进入 Grounded-Segment-Anything-main 文件夹，打开 Anaconda 终端。利用 conda 创建 Python=3.10 的虚拟环境，并通过 pip 在该环境中安装环境依赖包。

以下命令为创建虚拟环境、激活虚拟环境、安装 Python 环境依赖包操作：

```
conda create python=3.10 -n gsam          # 创建名为 gsam 的虚拟环境
conda activate gsam                        # 激活虚拟环境
pip install -r requirements.txt            # 安装环境依赖包
```

"requirements.txt"文件里包含了 Grounded-SAM 项目所依赖的 Python 包，其中每个环境依赖包的说明如表 8-1 所示。

表 8-1 环境依赖包说明

环境依赖包名	环境依赖包说明
addict	一个 Python 字典的封装，提供了更方便的点符号访问方式
Diffusers	Hugging Face 提供，用于生成模型（如 DALL-E、stable diffusion）的库，专注于生成任务的深度学习模型
gradio	用于快速创建机器学习模型的交互式 Web 界面的库，适合演示和测试模型
huggingface_hub	一个与 Hugging Face Hub 交互的 API，可以轻松地下载和分享模型、数据集等
matplotlib	一个 Python 绘图库，用于创建高质量的图形和图表
numpy	提供支持大量维度数组与矩阵运算的基础科学计算库，是大多数 Python 科学计算软件的基础库
onnxruntime	用于执行 Open Neural Network Exchange (ONNX) 模型的优化运行，可以加速机器学习模型的推理

续表

环境依赖包名	环境依赖包说明
opencv_python	OpenCV 的 Python 绑定，用于计算机视觉和图像处理任务
Pillow	Python Imaging Library 的一个分支，支持打开、操作以及保存许多不同格式的图像文件
pycocotools	用于加载、解析和可视化 Microsoft COCO 数据集的工具
PyYAML	一个 YAML 解析器和发生器，用于处理 YAML 数据格式
setuptools	Python 的一个库，用于构建和安装其他 Python 包
supervision	一个可重复使用的计算机视觉工具
termcolor	用于在 Python 程序输出中生成带颜色的文本
timm	一个深度学习图像模型库，包含许多预训练的模型，常用于计算机视觉研究
torch	一个开源的机器学习库，广泛应用于计算机视觉和自然语言处理
torchvision	PyTorch 的视觉库，包含了许多视觉图像处理的工具和预训练模型
transformers	由 Hugging Face 提供，包含了许多预训练的自然语言处理模型，如 BERT
yapf	一个 Python 代码格式化工具，由 Google 开发
nltk	提供文本处理库和数据集，用于符号和统计自然语言处理
fairscale	一个 PyTorch 扩展库，用于在 PyTorch 中构建更大、更复杂的模型

继续执行以下命令在虚拟环境安装 SAM、Grounding DINO 及 stable diffusion。

```
set AM_I_DOCKER=False                              # 不使用 Docker 方式安装
cd Grounded-Segment-Anything-main/segment_anything  # 切换目录
python -m pip install -e segment_anything          # 安装 SAM
cd Grounded-Segment-Anything-main/GroundingDINO    # 切换目录
pip install --no-build-isolation -e GroundingDINO  # 安装 Grounding DINO
pip install --upgrade diffusers[torch]             # 安装 stable diffusion
```

3）预训练模型下载

Grounded-SAM 项目首先需要下载 Grounding DINO 模型的预训练权重"Grounding DINO_swint_ogc.pth"和 SAM 模型的预训练权重"sam_vit_h_4b8939.pth"，并放入根目录 Grounded-Segment-Anything-main 的 weights 目录下；然后需要下载 stable diffusion 模型的模型权重及配置文件，并放在根目录的 runwayml/stable-diffusion-inpainting 路径下；此外，因 Grounding DINO 用到 BERT 的预训练权重，也需要下载"bert-base-uncased"版本的模

型权重及配置文件,并放在根目录的 bert-base-uncased 路径下。以上预训练权重及配置文件建议首选通过本书提供的资源下载文件,有条件也可自行到官网和 Hugging Face 网站上下载。

2. 模型的使用

1) Grounding DINO 目标检测大模型的使用演示

Grounding DINO 模型是根据用户输入的文本提示对输入图像进行目标检测,能够将符合该文本描述的对象检测出来。代码 8-1 是 Grounding DINO 模型演示 demo 的代码块,包括加载模型、提示词样例、图片读取及模型检测等,最终将处理完成的图像保存到指定路径。

代码 8-1

```python
from GroundingDINO.groundingdino.util.inference import load_model, load_image, predict, annotate, Model
import cv2

# 模型配置文件路径及模型权重路径
CONFIG_PATH = "GroundingDINO/groundingdino/config/GroundingDINO_SwinT_OGC.py"
CHECKPOINT_PATH = "./weights/GroundingDINO_swint_ogc.pth"
DEVICE = "cpu"  # 指定模型推理所用设备
IMAGE_PATH = "assets/demo7.jpg"  # 原始图片路径

TEXT_PROMPT = "Horse. Clouds. Grasses. Sky. Hill."  # 提示词:文本提示待检测类别名
BOX_TRESHOLD = 0.35
TEXT_TRESHOLD = 0.25


image_source, image = load_image(IMAGE_PATH)  # 读取图像

# 加载模型,模型推理
model = load_model(CONFIG_PATH, CHECKPOINT_PATH)
boxes, logits, phrases = predict(
    model=model,
    image=image,
    caption=TEXT_PROMPT,
    box_threshold=BOX_TRESHOLD,    # 指定检测框的置信度阈值
    text_threshold=TEXT_TRESHOLD,  # 指定文本提示与预测的相关性阈值
    device=DEVICE,
)
```

```
# 检测结果可视化及可视化结果保存
annotated_frame = annotate(image_source=image_source, boxes=boxes, logits=logits, phrases=phrases)
cv2.imwrite("./outputs/GroundingDINO_annotated_image.jpg", annotated_frame)
```

如图 8-2 所示,Grounding DINO 根据文本提示词 "Horse. Clouds. Grasses. Sky. Hill.",把原图中的马、云、草地、山都很好地检测出来了。另外,对于天空,其实也检测了出来,可以看到框住天空的检测框,但标签因为设置显示在框的左上方,所以没有显示出来。

(a) 原始图像　　　　　　　　　　　　(b) 检测结果

图 8-2　Grounding DINO 检测结果样例图

2) SAM 大模型的使用演示

SAM 模型具备零样本分割能力,代码 8-2 是它的简单样例,能够对提供的区域框内对象进行分割,并将其中的主体对象分割结果筛选出来,通过 supervision 工具完成绘图并保存。

代码 8-2

```
import cv2
import numpy as np
import supervision as sv
import torch
from segment_anything import sam_model_registry, SamPredictor

DEVICE = torch.device('cuda' if torch.cuda.is_available() else 'cpu')  # 模型推理设备设置

# 模型配置设置及模型权重路径
SAM_ENCODER_VERSION = "vit_h"
SAM_CHECKPOINT_PATH = "./weights/sam_vit_h_4b8939.pth"
# 模型加载
sam = sam_model_registry[SAM_ENCODER_VERSION](
            checkpoint=SAM_CHECKPOINT_PATH)
```

```python
sam.to(device=DEVICE)
sam_predictor = SamPredictor(sam)

SOURCE_IMAGE_PATH = "./assets/demo2.jpg" # 原始图像路径
image = cv2.imread(SOURCE_IMAGE_PATH) # 读取图像

# 待分割区域，即 Grounding DINO 检测框，这里模拟给出对象坐标 (x0, y0, x1, y1)
bbox_location = np.array([773, 507, 1820, 997])
# 转换图像为 RGB 格式，并载入模型入口，进行图像分割
sam_predictor.set_image(cv2.cvtColor(image, cv2.COLOR_BGR2RGB))
masks, scores, logits = sam_predictor.predict(
    box=bbox_location,
    multimask_output=True
)
# 取分数最高的分割结果作为该区域内的主体分割对象
index = np.argmax(scores)
mask = masks[index]
# 将区域、类别 id、掩码矩阵等信息传递给 supervision.Detections，用于后续绘图
detections = sv.Detections(xyxy=np.array([bbox_location]), class_id=np.array([1]),mask=np.array([mask]))
# 创建绘制掩码的绘图工具，并进行绘制
mask_annotator = sv.MaskAnnotator()
annotated_image = mask_annotator.annotate(scene=image.copy(), detections=detections)

cv2.imwrite("./outputs/sam_annotated_image.jpg", annotated_image) # 处理图像保存
```

SAM 分割结果样例图如图 8-3 所示。其中，图 8-3(a) 为原始图像，图中的框是脚本中提供的坐标；图 8-3(b) 为分割结果的图像展示，可以看到该模型能够将框内对象很好地分割出来。

(a) 原始图像　　　　　　　　　　　(b) 分割结果

图 8-3　SAM 分割结果样例图

3) stable diffusion 图片生成大模型的使用演示

stable diffusion 能够将原始图像中给定的掩码区域中的图像编辑为用户给定的文本输入的内容。代码 8-3 是一个简单的图片编辑和生成示例，通过输入原始图像、掩码图像，经过 30 次扩散过程，完成图像编辑。

代码 8-3

```python
from diffusers import StableDiffusionInpaintPipeline
import torch
from PIL import Image

# 加载 StableDiffusionInpaintPipeline 模型
# 从 runwayml/stable-diffusion-inpainting 文件夹
pipe = StableDiffusionInpaintPipeline.from_pretrained(
    "runwayml/stable-diffusion-inpainting",
    torch_dtype=torch.float32,
)
image_path = r"assets/dog53.png"  # 设置原始图片
mask_image_path = r"assets/dog53_mask.png"  # 设置掩码图片的路径
infer_steps_num = 30  # 扩散模型循环扩散次数


# 文本描述，将掩码下的对象转换为 prompt 描述的新对象
prompt = "Face of a cat, high resolution, sitting on a park bench"

# 读取原始图片和掩码图片，并将其转换为 RGB 格式
image = Image.open(image_path).convert("RGB")
mask_image = Image.open(mask_image_path).convert("RGB")

# 模型推理，图像编辑
res_image = pipe(prompt=prompt, image=image, mask_image=mask_image, num_inference_steps=infer_steps_num).images[0]
res_image.save("./outputs/yellow_cat_on_park_bench53.png")  # 保存编辑图片到指定路径
```

stable diffusion 编辑生成结果样例图如图 8-4 所示。其中，图 8-4(a) 为原始图像，该图像中有一条狗坐在凳子上；图 8-4(b) 为原始图像中狗的掩码图像；图 8-4(c) 为编辑生成后的图像，可以看出该模型结合原始图片和对象掩码，成功地按文本描述将原始图像中的狗变成了一只猫。

(a) 原始图像　　　　　　　(b) 对象掩码　　　　　　(c) 编辑生成后图像

图 8-4　stable diffusion 编辑生成结果样例图

任务8.2　基于 Grounded-SAM 的图像编辑

本任务首先将简要介绍基于 Grounded-SAM 的图像编辑过程，然后通过引入 Gradio 这一强大工具，仅需寥寥数行代码，便可高效地打造出一个集图像检测、精准分割及创意编辑于一体的交互式 Web 应用程序。最后，挑选若干真实图像，通过该程序进行编辑操作，以完成对编辑功能的真实场景验证及成效评估。

任务目标

(1) 掌握 Grounding-SAM 图像编辑。
(2) 掌握 Gradio 工具的使用。
(3) 测试图像编辑效果。

相关知识

8.2.1　以文修图的实现过程

Grounded-SAM 图像编辑流程由三个关键步骤构成。首先，执行目标检测，利用 Grounding DINO 模型精确定位文本描述中提及的对象。接着，执行指定区域的主体分割，通过 SAM 模型提取出特定区域内的主要对象的掩码。最后，利用 stable diffusion 模型对原始图像中被掩码覆盖的部分进行精细编辑，从而实现高质量的图像编辑效果。

具体实现过程如图 8-5 所示。

图 8-5　图像编辑过程展示图

8.2.2　基于 Gradio 实现可视化图像编辑

本小节旨在实现一个交互式的图像编辑 Web 程序,该程序可以提供图像选择、文本输入、类型选择等功能,且能够对输入进行处理并可视化输出结果。出于这一目的,下面利用 Gradio 这个机器学习演示快速构建工具,将图像编辑这一过程中的检测、分割及编辑功能均抽象出来,以实现一个多功能的交互演示系统。

1. Gradio 简介

Gradio 是一个开源的 Python 库,专为简化机器学习模型和数据科学项目的演示与分享过程而设计。它允许开发者和数据科学家在没有深入掌握 Web 开发技术的情况下,迅速为他们的模型或数据处理工作流创建交互式的 Web 界面。Gradio 提供了一个简洁的 API,用户只需几行代码就能将模型包装成一个具备图形用户界面的 Web 应用。Gradio 支持多种输入和输出类型,涵盖了文本、图像、音频、视频等多种数据格式。

Gradio 的核心是 Interface 类,它允许用户定义输入和输出类型,创建交互式的 Web 界面。表 8-2、表 8-3、表 8-4 分别为 Gradio 中典型的输入组件、输出组件及页面布局组件的说明及示例。

表 8-2　Gradio 输入组件说明及示例

组件名	说　　明	示　　例
Audio	允许用户上传音频文件或直接录音	gr.Audio(source="microphone", type="filepath")
Checkbox	提供复选框,用于布尔值输入	gr.Checkbox(label=" 同意条款 ")
CheckboxGroup	允许用户从一组选项中选择多个	gr.CheckboxGroup([" 选项 1", " 选项 2", " 选项 3"], label=" 选择你的兴趣 ")
ColorPicker	用于选择颜色,通常返回十六进制颜色代码	gr.ColorPicker(default="#ff0000")
Dataframe	允许上传 CSV 文件或输入 DataFrame	gr.Dataframe(headers=[" 列 1", " 列 2"], row_count=5)
Dropdown	下拉菜单,用户可以从中选择一个选项	gr.Dropdown([" 选项 1", " 选项 2", " 选项 3"], label=" 选择一个选项 ")
File	用于上传任意文件,支持多种文件格式	gr.File(file_count="single", type="file")

续表

组件名	说　明	示　例
Image	用于上传图片，支持多种图片格式	gr.Image(type="pil")
Number	数字输入框，适用于整数和浮点数	gr.Number(default=0, label=" 输入一个数字 ")
Radio	单选按钮组，用户从中选择一个选项	gr.Radio([" 选项 1", " 选项 2", " 选项 3"], label=" 选择一个选项 ")
Slider	滑动条，用于选择一定范围内的数值	gr.Slider(minimum=0, maximum=10, step=1, label=" 调整数值 ")
Textbox	单行文本输入框，适用于简短文本	gr.Textbox(default=" 默认文本", placeholder=" 输入文本 ")
Textarea	多行文本输入区域，适合较长的文本输入	gr.Textarea(lines=4, placeholder=" 输入长文本 ")
Time	用于输入时间	gr.Time(label=" 选择时间 ")
Video	视频上传组件，支持多种视频格式	gr.Video(label=" 上传视频 ")
Data	用于上传二进制数据，如图像或音频的原始字节	gr.Data(type="auto", label=" 上传数据 ")

表 8-3　Gradio 输出组件说明及示例

组件名	说　明	示　例
Audio	播放音频文件	gr.Audio(type="auto")
Carousel	以轮播方式展示多个输出，适用于图像集或多个数据点	gr.Carousel(item_type="image")
Dataframe	Pandas DataFrame 展示，适用于表格数据	gr.Dataframe(type="pandas")
Gallery	以画廊形式展示一系列图像	gr.Gallery(label="images", show_label=False, elem_id="gallery", columns=[2], rows=[1], object_fit="contain", height="auto")
HTML	展示 HTML 内容，适用于富文本或网页布局	gr.HTML(value=generate_html())
Image	展示图像	gr.Image(type="pil")
JSON	以 JSON 格式展示数据，便于查看结构化数据	gr.JSON(value=json.dumps({"a":30})
Label	展示文本标签，适用于简单的文本输出	gr.Label(value= "cat")
Markdown	支持 Markdown 格式的文本展示	gr.Markdown(value="## Mark")
Plot	展示图表，如 matplotlib 生成的图表	gr.Plot(value= plt.gcf())
Text	用于显示文本，适合较长的输出	gr.Text(value=echo("Hello, World!"))
Video	播放视频文件	gr.Video(value= "VideoPath.mp4")

表 8-4　Gradio 页面布局组件说明及示例

组件名	说　明	示　例
Row	播放音频文件	with gr.Blocks() as demo: 　with gr.Row(): 　　gr.Button("Button 1") 　　gr.Button("Button 2")
Column	以轮播方式展示多个输出，适用于图像集或多个数据点	with gr.Blocks() as demo: 　with gr.Column(): 　　gr.Textbox(label="Enter your name") 　　gr.Button("Submit")
Accordion	允许用户通过展开或折叠来显示或隐藏其内容	with gr.Blocks() as demo: 　with gr.Accordion("Click me to expand"): 　　gr.Text("This text is hidden ")
Tab	用于创建带有多个标签页的界面，用户可以在这些标签页之间切换	with gr.Blocks() as demo: 　with gr.Tab("Tab 1"): 　　gr.Text("This is in Tab 1.") 　with gr.Tab("Tab 2"): 　　gr.Text("This is in Tab 2.")

2. 程序代码介绍

基于 Gradio 实现可视化图像编辑的代码文件为"gradio_app.py"，下面对代码文件的重要组成部分进行说明。

1) 程序的整体流程

该程序的整体流程如图 8-6 所示，程序由 SamAutomaticMaskGenerator、GroundingDINO、SamPredictor、StableDiffusionInpaintPipeline 四个算法组件及 8 条路径组成。

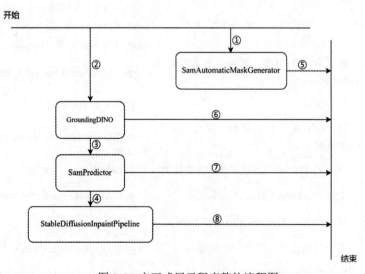

图 8-6　交互式展示程序整体流程图

图 8-6 中的四个组件分别实现 Sam 全分割、Grounding DINO 目标检测、SamPredictor 指定区域分割、StableDiffusion 图像编辑。该程序对应的四个功能及其过程为：

(1) 全分割功能：无需输入参数，通过图中①⑤进行。
(2) 目标检测功能：需要输入待检测对象文本，通过图中②⑥进行。
(3) 目标分割功能：需要输入待检测对象文本，通过图中②③⑦进行。
(4) 图像编辑功能：需要输入待检测对象文本及编辑提示文本，通过图中②③④⑧进行。

2) 模型加载

模型加载部分主要有模型路径设置、模型加载。具体可见代码 8-4，其中 run_grounded_sam 函数中仅有图像获取及转换过程，模型推理、结果输出部分在后面介绍。

代码 8-4

```python
# 模型路径
config_file='Grounding DINO/Grounding DINO/config/Grounding DINO_SwinT_OGC.py'
ckpt_filenmae = "weights/Grounding DINO_swint_ogc.pth"
sam_checkpoint = 'weights/sam_vit_h_4b8939.pth'
stable_diffusion_dir = "runwayml/stable-diffusion-inpainting"

# 加载模型
device = "cpu"
Grounding DINO_model = load_model(config_file, ckpt_filenmae, device=device)
sam = build_sam(checkpoint=sam_checkpoint)
sam.to(device=device)
sam_predictor = SamPredictor(sam)
sam_automask_generator = SamAutomaticMaskGenerator(sam)
inpaint_pipeline = StableDiffusionInpaintPipeline.from_pretrained(
            stable_diffusion_dir, torch_dtype=torch.float32
            )
inpaint_pipeline = inpaint_pipeline.to(device)

def run_grounded_sam(
    input_image, task_type, text_prompt,
    inpaint_prompt, box_threshold,
    text_threshold, inpaint_mode, infer_steps_num
):
    """
    算法处理函数，包括图像全分割、目标检测、目标分割、图像编辑等算法推理过程
    参数分别为：输入图片、任务类型、检测文本提示、编辑文本、
        检测框阈值、文本阈值、图像编辑模式、扩散迭代次数
    返回值：图像列表
```

```python
"""
# 声明已加载好的模型
global Grounding DINO_model, sam_predictor, sam_automask_generator, inpaint_pipeline
image = input_image
size = image.size
image_pil = image.convert("RGB")
image = np.array(image_pil)
# 模型推理
# 结果输出
```

3) 模型推理

推理部分封装了四个功能的推理脚本，见代码 8-5。当 task_type 为 'automask' 时直接对图像进行全分割；当 task_type 为 'det' 时，仅进行文本提示目标检测；当 task_type 为 'seg' 或 'inpainting' 时进行文本提示目标检测及指定区域主体分割。

代码 8-5

```python
# 模型推理
if task_type == 'automask':
    masks = sam_automask_generator.generate(image)  # 全分割图像
else:
    # Grounding DINO 推理（图像格式转换、推理、结果后处理）
    transformed_image = transform_image(image_pil)
    boxes_filt, scores, pred_phrases = get_grounding_output(
        Grounding DINO_model, transformed_image,
        text_prompt, box_threshold, text_threshold
    )
    H, W = size[1], size[0]
    for i in range(boxes_filt.size(0)):
        boxes_filt[i] = boxes_filt[i] * torch.Tensor([W, H, W, H])
        boxes_filt[i][:2] -= boxes_filt[i][2:] / 2
        boxes_filt[i][2:] += boxes_filt[i][:2]
    boxes_filt = boxes_filt.cpu()
    if task_type == 'seg' or task_type == 'inpainting':
        # 转换 Grounding DINO 检测结果为 sam 输入、框内分割取主体对象
        sam_predictor.set_image(image)
        transformed_boxes = sam_predictor.transform.apply_boxes_torch(
            boxes_filt, image.shape[:2]
        ).to(device)
        masks, _, _ = sam_predictor.predict_torch(
            point_coords = None,
```

项目 8　以文修图：基于 Grounded-SAM 大模型的图像编辑

```
        point_labels = None,
        boxes = transformed_boxes,
        multimask_output = False,
    )
```

4) 结果输出

代码 8-6 为结果输出部分，其输出为图像列表。当任务类型为目标检测和全分割两种情况时，返回的是绘制的推理结果图像；当任务类型为文本提示分割、图像编辑两种情况时，返回的是绘制的推理结果图像及掩码图像。

代码 8-6

```
# 结果输出
if task_type == 'det':
    # 在图像中可视化框结果，并将其放在 list 中返回
    image_draw = ImageDraw.Draw(image_pil)
    for box, label in zip(boxes_filt, pred_phrases):
        draw_box(box, image_draw, label)
    return [image_pil]
elif task_type == 'automask':
    # 在图像中可视化全分割结果，并将其放在 list 中返回
    full_img, res = show_anns(masks)
    return [full_img]
elif task_type == 'seg':
    # 可视化全分割结果，并将其和掩码图像放在 list 中返回
    mask_image = Image.new('RGBA', size, color=(0, 0, 0, 0))
    mask_draw = ImageDraw.Draw(mask_image)
    for mask in masks:
        draw_mask(
            mask[0].cpu().numpy(), mask_draw,
            random_color=True
        )
    image_draw = ImageDraw.Draw(image_pil)
    for box, label in zip(boxes_filt, pred_phrases):
        draw_box(box, image_draw, label)
    image_pil = image_pil.convert('RGBA')
    image_pil.alpha_composite(mask_image)
    return [image_pil, mask_image]
elif task_type == 'inpainting':
    # 可视化全分割结果，并将其和掩码图像放在 list 中返回
    if inpaint_mode == 'merge':
```

```python
            masks = torch.sum(masks, dim=0).unsqueeze(0)
            masks = torch.where(masks > 0, True, False)
        mask = masks[0][0].cpu().numpy()
        mask_pil = Image.fromarray(mask)
        infer_steps_num = int(infer_steps_num)
        image = inpaint_pipeline(
            prompt=inpaint_prompt,
            image=image_pil.resize((512, 512)),
            mask_image=mask_pil.resize((512, 512)),
            num_inference_steps=infer_steps_num
        ).images[0]
        image = image.resize(size)
        return [image, mask_pil]
    else:
        print("task_type:{} error!".format(task_type))
```

5) Gradio 页面实现

Gradio 包含丰富的组件，能够快速构建展示程序。本程序页面中设置图像组件、文本输入组件、下拉框组件、滑动组件等，并设定单击按钮，将按钮与前述的 run_grounded_sam 函数绑定。单击按钮可自动获取输入的图片、文本以及参数等，并调用推理函数，最后将函数返回结果呈现到输出组件。具体可见代码 8-7。

代码 8-7

```python
def visual_interface():
    with gr.Blocks(title="Grounded-SAM Style Image") as block:  # 设置界面名
        with gr.Row():  # 添加一行
            input_image = gr.Image(type="pil")  # 创建输入图像组件
            gallery = gr.Gallery(          # 创建输出结果组件
                label="Generated images", show_label=False, elem_id="gallery"
                , columns=[2], rows=[1], object_fit="contain", height="auto"
            )
        with gr.Row():
            # 选择框，选择任务（全分割、文本提示检测、文本提示分割、图像编辑）
            task_type = gr.Dropdown(["automask", "det", "seg", "inpainting"], value="inpainting", label="task_type")
        with gr.Row():  # 添加图像检测的文本输入行
            text_prompt = gr.Textbox(label="Text Prompt")
        with gr.Row():  # 添加图像编辑的文本输入行
            inpaint_prompt = gr.Textbox(label="Inpaint Prompt")
        with gr.Row():  # 添加扩散迭代次数
```

```
            infer_steps_num = gr.Textbox(label="Inpaint Inference Steps")
        with gr.Row(): # 设置按钮
            run_button = gr.Button()
        with gr.Row(): # 高级属性，用于修改对象检测文本、框阈值及图像编辑方式
            with gr.Accordion("Advanced options", open=False):
                box_threshold = gr.Slider(
                    label="Box Threshold", minimum=0.0, maximum=1.0, value=0.3, step=0.05
                )
                text_threshold = gr.Slider(
                    label="Text Threshold", minimum=0.0, maximum=1.0, value=0.25, step=0.05
                )
                inpaint_mode = gr.Dropdown(["merge", "first"], value="merge", label="inpaint_mode")
        # 将按钮与推理函数绑定
        run_button.click(
            run_grounded_sam,
            inputs=[
                input_image, text_prompt, task_type, inpaint_prompt,
                box_threshold, text_threshold, inpaint_mode, infer_steps_num
            ],
            outputs=gallery)
    block.launch()
```

执行代码文件"gradio_app.py"后，根据执行结果提示，在浏览器输入"http://127.0.0.1:7860"，即可出现如图 8-7 所示的界面。

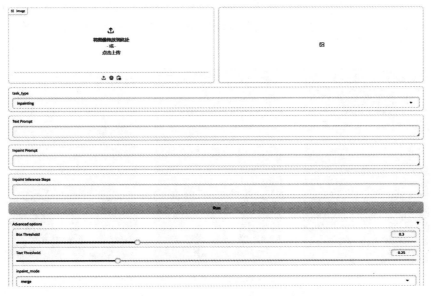

图 8-7　基于 Gradio 的图像编辑操作界面

如图 8-7 中所示，第一行左侧为图像输入组件，右侧为结果输出组件；接下来为 task_type 选择栏，能用于选择功能类别，默认为"inpainting"，即图像编辑；Text Prompt 输入框用于输入检测（待编辑）对象的提示文本；Inpaint Prompt 输入框用于输入需要生成对象的提示文本；Inpaint Inference Steps 输入框用于输入扩散循环次数（决定了生成对象的特征相似程度）；后面的高级选项用于设定阈值和模式。当输入及参数设置完成后，点击 run 按钮后开始处理。

3. 图像编辑效果展示

针对图像编辑进行了两组实验，分别以提示词、扩散迭代次数为变量来进行比对。

图 8-8(a) 为原始图像，该测试设置检测文本提示为"dog"，扩散迭代次数为 30；图 8-8(b) 为当编辑提示词为"a cat"时的输出图像；图 8-8(c) 为当编辑提示词为"a pig"时的输出图像。可见，当要编辑生成的对象与原检测对象的大小和类型比较一致的时候，编辑生成的效果较好。

(a) 原始图像　　　　　　(b) Inpainting:a cat　　　　　　(c) Inpainting:a pig

图 8-8　不同文本提示图像编辑结果比对图

图 8-9(a) 为原始图像，该测试设置检测文本提示为"Hair"，编辑生成提示词为"White hair"，图 8-9(b) 为扩散迭代次数为 20 时的输出图像，图 8-9(c) 为扩散迭代次数为 40 时的输出图像。可以看出，不同的扩散次数会编辑出不同效果的图像，可通过设置不同的迭代次数来编辑出较为满意的图像。

(a) 原始图像　　　　　(b) 扩散迭代次数为 20 次　　　(c) 扩散迭代次数为 40 次

图 8-9　不同扩散迭代次数时图像编辑结果比对图

任务8.3　Grounding DINO 模型的微调

本任务将首先介绍大模型微调的目的，然后利用 Grounding DINO 模型检测猫咪宠物数据集中的对象，并分析其检测的不足，最后基于 MMDetection 框架在猫咪宠物数据集上对 Grounding DINO 模型进行微调。

任务目标

(1) 部署模型微调环境。
(2) 设置模型微调配置文件。
(3) 模型微调和测试。

相关知识

8.3.1　微调任务分析

本小节对项目 4 中出现的自制猫咪宠物数据集进行简单的介绍，并在该数据集上测试并分析 Grounding DINO 效果。

1. 自建猫咪宠物数据集介绍

数据集图像来自对家里两只不同猫咪的拍摄，分别为橘猫 (Ginger Cat) 和英短 (British Shorthair)，具体可见图 8-10，图中 (a) 为橘猫，(b) 为英短。本项目中，数据集格式需转为 coco 样式，训练集、测试集图片以文件夹形式存放，标注文件分别对应一个 json 文件。训练集中有 300 张图像，图像包含的橘猫、英短两种对象数量分别为 160 个、157 个；测试集中有 26 张图像，图像包含的橘猫、英短两种对象数量分别为 18 个、12 个。

(a) 橘猫

(b) 英短

图 8-10　数据集中对象示例

2. Grounding DINO 细类猫咪检测测试

在猫咪宠物数据集中筛选出了典型图像用于测试 Grounding DINO 对猫咪的细类描述的检测效果,图 8-11(a) 为测试图像,该图中同时存在橘猫和英短两只猫咪。图 8-11(b)、(c)、(d) 是在输入的检测文本描述分别为 Ginger Cat、British Shorthair、Ginger Cat . British Shorthair 这三种情况下的结果展示。

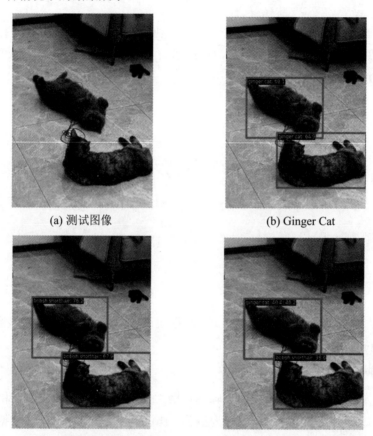

(a) 测试图像　　　　　　　　(b) Ginger Cat

(c) British Shorthair　　　　(d) Ginger Cat. British Shorthair

图 8-11　Grounding DINO 对猫咪图像检测效果比对

从测试结果中可看出,Grounding DINO 原始模型实际上分不清楚 Ginger Cat、British Shorthair 两种猫,当输入提示文本为 Ginger Cat 时,模型将两只猫都识别为 Ginger Cat;当输入提示文本为 British Shorthair 时,模型将两只猫都识别为 British Shorthair;当输入提示文本为 Ginger Cat . British Shorthair 时,模型将图像上侧的 British Shorthair 识别为 Ginger Cat,将 Ginger Cat 识别为 British Shorthair。

鉴于上述的测试结果,接下来的主要任务是在该数据集上微调 Grounding DINO 模型,使该模型能够识别橘猫、英短两种类别的猫咪。

3. 工程结构

图 8-12 是本次微调工程的主要文件和目录结构。其中,bert-base-uncased、weight 为存放模型的目录,configs 中包含 Grounding DINO 微调的配置文件,demo 中的 image_ demo.py 为推理代码，tools 中的 dist_train.sh 为训练脚本，data 为数据集存放目录，cats 中的 train 为训练集图像、val 为验证集图像、annotations 为标签文件。

```
|+-- Grounded-Segment-Anything-main/
  |+-- bert-base-uncased/
  |+-- configs/
    |+-- __base__
    |+-- grounding_dino
      |+-- grounding_dino_swin-t_finetune_8xb2_20e_cat_custom.py
    |+-- ……
  |+-- data/
    |+-- cats
      |+-- annotations
        |+-- instances_train.json
        |+-- instances_val.json
      |+-- train
      |+-- val
  |+-- demo/
    |+-- image_demo.py
  |+-- tools/
    |+-- dist_train.sh
    |+-- ……
  |+-- weight
```

图 8-12　模型微调项目的主要文件和目录结构

8.3.2　基于 MMDetection 框架的 Grounding DINO 微调

MMDetection 是一个基于 PyTorch 的开源目标检测框架，以其易用性和可扩展性而著称。该框架中提供有 Grounding DINO 的训练微调代码。利用 MMDetection 微调 Grounding DINO 主要涉及训练环境部署、配置文件参数设置、训练脚本设备及测试微调模型，下面对这些步骤进行详细介绍。

1. 训练环境部署

首先需要部署好 MMDetection 框架微调 Grounding DINO 所需要的环境。根据本机硬件环境安装 cuda、torch、torchvision，这里不做详细说明。**需注意：训练需要 8G 以上的显存。**下面分别介绍依赖包安装、预训练模型及所依赖的语言模块下载。

(1) 依赖包安装。执行以下命令安装相关依赖包。其中 MMDetection 的代码也可从本书资源中下载。

```
pip install -U openmim
mim install mmengine
```

```
mim install"mmcv>=2.0.0"
git clone https://github.com/open-mmlab/MMDetection .git
cd MMDetection
pip install -v -e .
```

(2) 预训练模型及 NLTK 库模块下载。下载预训练模型 bert-base-uncased、Grounding DINO_swint_ogc_mmdet-822d7e9d.pth，将其分别放置在项目根路径及项目根路径下的 weight 中。MMDetection 微调 Grounding DINO 过程依赖于 NLTK(Natural Language Toolkit) 库中的部分模块，分别为 punkt、averaged_perceptron_tagger，前者是 NLTK 库中用于句子分割(句子切分)的模块，后者是 NLTK 库中用于词性标注的模块。由于 nltk 包的 download 方法无法下载，会导致程序长时间等待后发生错误，因此可通过手动方式下载这两个模块。首先在 MMDetection 安装路径下的 mmdet/models/detectors/glip.py 中删除 nltk.download，如图 8-13 所示。之后在 github 上下载模块压缩包后分别存放在用户 home 文件夹的 nltk_data 中，具体的目录结构如图 8-14 所示。

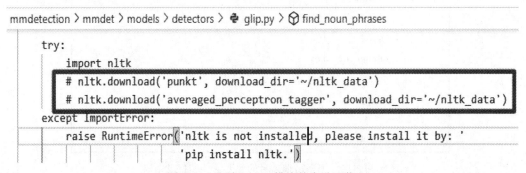

图 8-13 取消 NLTK 模块的自动下载

```
|-- ~/nltk_data/
    |-- taggers/
        |-- averaged_perceptron_tagger/
        |-- averaged_perceptron_tagger.zip
    |-- tokenizers/
        |-- punkt/
        |-- punkt.zip
```

图 8-14 NLTK 模块解压存储的目录结构

2. 配置文件参数设置

在代码 8-8 中设置 data_root、class_name、palette、train_dataloader、test_dataloader、val_evaluator、max_epoch 等参数。data_root 为数据集目录；class_name 为微调数据集类别名；palette 为颜色列表，用于可视化检测结果；train_dataloader、test_dataloader、val_evaluator 中需设置数据集图像路径及标签路径；max_epoch 为训练迭代次数。

代码 8-8

```python
_base_ = 'grounding_dino_swin-t_finetune_16xb2_1x_coco.py'

# 数据集所在目录
data_root = 'data/cats/'
# 待训练的类别名
class_name = ('Ginger cat', 'British Shorthair', )

# 用于可视化的调色板颜色列表
palette=[(120, 120, 120), (180, 120, 120), (6, 230, 230), (80, 50, 50),]
num_classes = len(class_name)
metainfo = dict(classes=class_name, palette=palette)
model = dict(bbox_head=dict(num_classes=num_classes))
train_dataloader = dict(
    dataset=dict(
        data_root=data_root,
        metainfo=metainfo,
        ann_file='annotations/instances_train.json',  # 训练集标签设置
        data_prefix=dict(img='train/')))  # 训练集图像路径

val_dataloader = dict(
    dataset=dict(
        metainfo=metainfo,
        data_root=data_root,
        ann_file='annotations/instances_val.json',  # 验证集标签设置
        data_prefix=dict(img='val/')))  # 验证集图像路径
test_dataloader = val_dataloader

# 验证测试集标签路径配置
val_evaluator = dict(ann_file=data_root + 'annotations/instances_val.json')
test_evaluator = val_evaluator

# 训练 epoch 数量
max_epoch = 20

default_hooks = dict(
    checkpoint=dict(interval=1, max_keep_ckpts=1, save_best='auto'),
    logger=dict(type='LoggerHook', interval=5))
train_cfg = dict(max_epochs=max_epoch, val_interval=1)
param_scheduler = [
```

```
        dict(type='LinearLR', start_factor=0.001, by_epoch=False, begin=0, end=30),
        dict(
            type='MultiStepLR',
            begin=0,
            end=max_epoch,
            by_epoch=True,
            milestones=[15],
            gamma=0.1)
]
optim_wrapper = dict(
    optimizer=dict(lr=0.00005),
    paramwise_cfg=dict(
        custom_keys={
            'absolute_pos_embed': dict(decay_mult=0.),
            'backbone': dict(lr_mult=0.1),
            'language_model': dict(lr_mult=0),
        }))
auto_scale_lr = dict(base_batch_size=16)
```

3. 训练脚本设置

代码 8-9 是训练脚本，通过设置输入配置文件路径、GPU 显卡数量、预训练模型路径等参数来实现模型训练。

代码 8-9

```bash
#!/usr/bin/env bash

CONFIG=$1
GPUS=$2
NNODES=${NNODES:-1}
NODE_RANK=${NODE_RANK:-0}
PORT=${PORT:-29500}
MASTER_ADDR=${MASTER_ADDR:-"127.0.0.1"}

PYTHONPATH="$(dirname $0)/..":$PYTHONPATH \
python -m torch.distributed.launch \
    --nnodes=$NNODES \
    --node_rank=$NODE_RANK \
    --master_addr=$MASTER_ADDR \
    --nproc_per_node=$GPUS \
    --master_port=$PORT \
    $(dirname "$0")/train.py \
```

项目 8　以文修图：基于 Grounded-SAM 大模型的图像编辑　159

```
$CONFIG \
--launcher pytorch ${@:3}
--resume weight/Grounding DINO_swint_ogc_mmdet-822d7e9d.pth
```

下面是模型微调命令，在终端执行此命令即可启动微调任务。

```
./tools/dist_train.sh
configs/grounding_dino/grounding_dino_swin-t_finetune_8xb2_20e_cat_custom.py 1 --workdir-dir
cats_gb_work_dir
```

4. 微调模型测试

下面是模型测试命令，其参数分别为待检测图像路径、模型配置文件路径、微调后模型路径以及描述的文本。

```
python demo/image_demo.py  /home/aiservice/workspace/mmGrounding DINO/data/cats/val/
IMG_20231126_200434.jpg configs/grounding_dino/grounding_dino_swin-t_finetune_8xb2_20e_cat_custom.
py --weights cats_work_dir_done/epoch_20.pth  --texts "Ginger cat. British Shorthair."
```

图 8-15 为微调后模型检测效果比对结果展示。

(a) 测试图像

(b) Ginger Cat

(c) British Shorthair

(d) Ginger Cat . British Shorthair

图 8-15　微调后模型检测效果比对

微调后模型检测效果比对如图 8-15 所示。从测试结果可看出，微调模型是有效的，当输入提示文本为 Ginger cat 时，模型仅识别到 Ginger cat，如图 8-15(b) 所示；当输入提示文本为 British Shorthair 时，模型仅识别到 British Shorthair，如图 8-15(c) 所示；当输入提示文本为 Ginger cat . British Shorthair 时，模型能将两只猫咪都识别正确，如图 8-15(d) 所示。

项目总结

相信读者在按照以上示例进行操作后，对 Grounded-SAM 项目的运用已经没有问题了，同时对 Grounding DINO、SAM、stable diffusion 三个大模型也有了清楚的认知，可以灵活将其结合起来完成图像编辑。另外，基于 MMDetection 框架对 GroudingDINO 微调的步骤也有了初步的理解和掌握。

AI 大模型技术正在深刻改变生产和生活方式，推动全要素生产率的提升，并孕育未来产业的新样态。从产业层面看，我国拥有超大规模市场优势，应用需求广阔，场景丰富，这为我国大模型产业的持续发展奠定了坚实基础，但要想让大模型从实验室走向千家万户，实现产业化，还需要广大从业者的共同努力！

1. 知识要点

为帮助读者回顾项目的重点内容，在此总结了项目中涉及的主要知识点：

(1) 基于大模型的图像编辑的原理，包括使用文本提示对象检测、位置框内主体对象分割、掩码区域编辑。

(2) Grounding DINO、SAM、stable diffusion 三个视觉大模型的安装及使用。

(3) 交互式展示系统的实现及操作说明。

(4) 基于 MMDetection 模型微调时数据加载配置、对象类别及迭代次数设置。

2. 经验总结

在使用大模型进行图像编辑时，有以下几个实用的建议可以帮助优化模型的性能和训练效率：

(1) 理解图像编辑的过程。深入理解基于大模型进行图像编辑的过程，包括基于 Grounding DINO 的对象检测、基于 SAM 的对象分割以及基于 stable diffusion 的图像生成。

(2) 检测对象的文本提示。文本提示很关键，清晰的文本提示输入能帮助检测模型准确地定位到指定对象，如文中检测北极熊时使用 bears、the left bear 两种文本输入时，检测结果也不相同。

(3) 基于 stable diffusion 图像编辑。利用扩散模型进行图像编辑的过程中，不同的扩散迭代次数会影响图像编辑的效果。选择一个合适的迭代次数可以使模型更好地完成图像编辑。

(4) Grounding DINO 模型微调。Grounding DINO 缺乏对细类对象的检测能力，如文中的 Ginger Cat、British Shorthair，因此在构建微调数据集时需将 Ginger Cat、British Shorhair 分别作为对象名。同理，对于其他检测效果差的细类，构建数据集时也可将其作为类别名。

项目 9
综合应用：火情识别算法研发及部署

项目背景

火灾是人类社会面临的重大安全威胁之一，每年都会因火灾造成大量的人员伤亡和财产损失。传统的火灾探测方法主要依赖于烟雾探测器和温度探测器，但这些方法存在一定的局限性。烟雾探测器容易受到灰尘、水蒸气等因素的影响，而温度探测器则对火灾的早期识别不够敏感。

随着人工智能技术的飞速发展，火情识别技术也取得了重大突破。基于深度学习的火情识别算法可以有效地从图像和视频中识别火灾，并对火灾的类型、位置和大小进行准确的判断。这使得火情识别技术在火灾防控领域具有巨大的应用潜力。

本项目拟研发基于深度学习的火情识别算法，该算法将能够实时监控视频图像，并对火灾进行快速准确的识别。该算法可以应用于森林防火、工厂防火、家庭防火等多个领域，为人民群众的生命财产安全提供有力保障。

项目内容

本项目通过开源目标检测算法 YOLOv8 及开源数据集 D-Fire 实现火焰、烟雾目标识别，并且针对 GPU、CPU 不同的硬件环境进行模型适配，选择合适的推理框架进行模型推理部署。

工程结构

图 9-1 是项目的主要文件和目录结构。其中，dataset 目录下为 D-Fire 开源数据集经过 YOLO 格式转换后的数据，包括图片和标签文件；utils 目录主要为整个项目用到的工具模块，包括划分数据集、创建数据 yaml 文件、nms 处理等；pretrained_models 目录为本项目算法开发使用到的 YOLOv8 预训练模型；logs 为算法训练过程中自动创建的目录，用于存放每次训练的日志和产生的模型；train.py 和 predict.py 分别为模型训练和推理的脚本文件；

deploy 目录为本项目重点内容，主要为算法模型转换和推理部署相关的代码文件；cfg 目录下为本项目使用到的配置文件，一般为 yaml 格式。

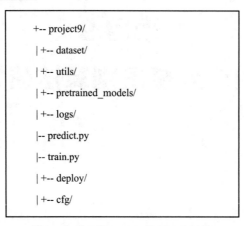

图 9-1　项目的主要文件和目录结构

知识目标

(1) 掌握模型转换的意义，了解主流的推理框架。
(2) 了解深度学习算法开发流程，具备数据处理、算法训练、算法调优、模型转换、推理部署全流程开发的能力。

能力目标

(1) 掌握目标检测算法研发、优化、解决实际问题的能力。
(2) 使用 YOLOv8 训练 D-Fire 数据集，完成火情检测任务。
(3) 学会根据训练日志分析模型效果，并且进行算法调优。
(4) 学会使用 ONNX、OpenVINO 和 TensorRT 推理框架进行模型推理部署。

任务9.1　火情识别模型训练

在实际的工程开发中，数据是深度学习模型的基石，直接影响着模型的性能、泛化能力和应用场景的适应性。本项目将使用 D-Fire 开源数据集进行算法开发，D-Fire 开源数据集是一个专门用于火情识别的数据集，为我们的研究提供了宝贵的资源。模型训练是一个迭代的过程，每个迭代周期中，模型接收输入数据并输出相应的预测结果，然后与真实标签进行比较，计算损失并更新模型参数。火情识别算法的训练和调优是一项复杂而关键的任务，训练前需要根据算力大小选择相应的算法模型并且设置合适的超参数，训练结束后需要根据准确率和召回率指标进行调优,使得算法最终达到最优。

任务目标

(1) 了解 D-Fire 开源数据集并且使用该数据集进行项目开发。
(2) 根据实际任务选择合理的 YOLOv8 算法模型。
(3) 修改算法工程配置,编写代码并使用 GPU 启动训练。
(4) 学会分析训练指标数据并且调整相应超参数实现算法调优。

相关知识

9.1.1 D-Fire 数据集

D-Fire 数据集[①] 是一个专门为火情识别算法设计的数据集,共有 21527 张图片,包括火灾和烟雾两种火情事件,每张图片均已经根据 YOLO 格式进行标注。如表 9-1 所示,原始数据集已经按照 8∶2 的比例划分成了训练集和测试集。在实际工程中,通常划分为训练集、验证集,划分比例并没有一个统一的标准,取决于实际数据集的大小。重要的是确保数据的随机性,避免数据的偏斜或重复。从表 9-2 可知,正样本有 11689 张,负样本有 9838 张,分布比较均衡。火情目标包括火焰和烟雾,训练阶段需要提供这两种目标的高质量训练数据,由表 9-3 可知,本数据集中火焰和烟雾目标的数量比较接近,不存在类别数据分布不均衡的情况。如果出现不同类别的数据相差比较悬殊甚至不在一个数量级的情况,需要考虑通过增加数据或者使用数据增强的技术使得各类别数据分布平衡。

表 9-1 原始数据集划分情况

数据集	图片数	占 比
训练集	17221	80%
测试集	4306	20%

表 9-2 数据集分布情况

类 别	图 片 数
只有火焰	1164
只有烟雾	5867
同时存在火焰和烟雾	4658
火焰和烟雾均不存在	9838

---

① 本项目数据集引用自:Pedro Vinícius Almeida Borges de Venâncio, Adriano Chaves Lisboa, Adriano Vilela Barbosa: An automatic fire detection system based on deep convolutional neural networks for low-power, re source-constrained devices. In: Neural Computing and Applications, 2022.

表 9-3　目标框分布情况

目标框类型	目标框数量
火焰	14692
烟雾	11865

D-Fire 数据集目录结构如图 9-2 所示，与 YOLO 数据目录格式存在着差异。

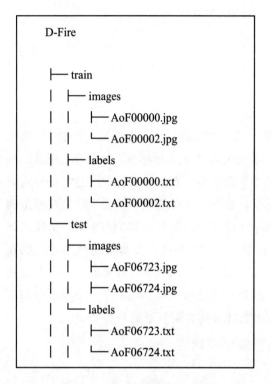

图 9-2　D-Fire 数据集目录结构

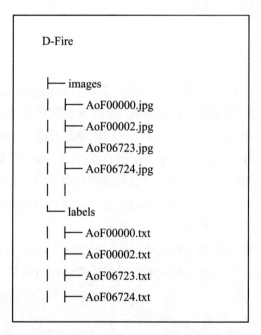

图 9-3　整合后的 D-Fire 数据集目录结构

综上所述，本数据集只需要重新划分训练集、验证集并且按照 YOLOv8 工程目录结构调整数据集目录即可。考虑到本数据集数量较大，可按训练集 90%、验证集 10% 的比例重新划分。重新划分数据集前需要把 train 和 test 文件夹下的图片和标注文本数据整合到同一个文件夹下，再进行处理，整合后的 D-Fire 数据集目录结构如图 9-3 所示。为了保证图片和标注文本在划分处理中保持一致性，先对图片数据按比例进行随机划分，再根据划分的结果处理标注文本数据。执行的代码如下：

代码 9-1

```
import random
import os

# 定义原始数据集路径
```

```python
data_dir = '../datasets/D-Fire/images'

# 定义划分后数据集保存路径
train_images_dir = '../datasets/dFireDataset/images/train'
val_images_dir = '../datasets/dFireDataset/images/val'
#test_images_dir = '../datasets/dFireDataset/images/test'

# 定义数据集划分比例
train_ratio = 0.9
val_ratio = 0.1

# 定义统计指定文件夹下文件数的方法
def count_files_in_directory(directory):
    # 初始化文件计数
    count = 0
    # 列举文件夹下所有文件和文件夹
    for filename in os.listdir(directory):
        # 获取完整的文件路径
        file_path = os.path.join(directory, filename)
        # 判断是否是文件而非文件夹
        if os.path.isfile(file_path):
            count += 1
    return count

#STEP1: 划分图片数据集

# 获取原始数据集中所有样本的文件名
file_list = os.listdir(data_dir)
random.shuffle(file_list)

# 计算划分后的数据集大小
total_samples = len(file_list)
print(f"total_samples: {total_samples}")
train_size = int(train_ratio * total_samples)
print(f"train_size: {train_size}")
val_size = int(val_ratio * total_samples)
```

```python
print(f"val_size: {val_size}")

# 划分数据集
train_files = file_list[:train_size]
print(f"train_images_size: {len(train_files)}")
val_files = file_list[train_size:(train_size+val_size)]
print(f"val_images_size: {len(val_files)}")

# 将样本复制到对应的文件夹中
for file in train_files:
    os.system(f'cp {os.path.join(data_dir, file)} {os.path.join(train_images_dir, file)}')
total_train_set=count_files_in_directory(os.path.join(train_images_dir))
print(f"Total number of train_images: {total_train_set}")


for file in val_files:
    os.system(f'cp {os.path.join(data_dir, file)} {os.path.join(val_images_dir, file)}')
total_val_set=count_files_in_directory(os.path.join(val_images_dir))
print(f"Total number of val_images: {total_val_set}")


#STEP2: 划分标注数据集

# 定义原始数据集路径
labels_dir = '../datasets/D-Fire/labels'

# 定义划分后数据集保存路径
train_labels_dir = '../datasets/dFireDataset/labels/train'
val_labels_dir = '../datasets/dFireDataset/labels/val'
#test_labels_dir = '../datasets/dFireDataset/labels/test'

# 划分训练标签数据集
for filename in os.listdir(train_images_dir):
    file = filename.split('.')[0]
    label_name = file+".txt"
    os.system(f'cp {os.path.join(labels_dir, label_name)} {os.path.join(train_labels_dir, label_name)}')
total_train_labels=count_files_in_directory(os.path.join(train_labels_dir))
print(f"Total number of train_labels: {total_train_labels}")
```

```
# 划分验证标签数据集
for filename in os.listdir(val_images_dir):
    file = filename.split('.')[0]
    label_name = file+".txt"
    os.system(f'cp {os.path.join(labels_dir, label_name)} {os.path.join(val_labels_dir, label_name)}')
total_val_labels=count_files_in_directory(os.path.join(val_labels_dir))
print(f"Total number of val_labels: {total_val_labels}")
```

输出结果：

```
total_samples: 21527
train_size: 19374
val_size: 2153
train_images_size: 19374
val_images_size: 2153
Total number of train_images: 19374
Total number of val_images: 2153
Total number of train_labels: 19374
Total number of val_labels: 2153
-----------------over-----------------
```

以上为划分数据集执行结果，总图片量为 21 527 张，划分后训练集为 19 374 张，验证集为 2153 张。

9.1.2 YOLOv8 算法模型选择

YOLOv8 是个模型簇，模型参数由小到大包括 YOLOv8n、YOLOv8s、YOLOv8m、YOLOv8l、YOLOv8x 五个模型，模型参数量越大，推理速度越慢，精度最高，需要的算力越强。具体情况如表 3-1 所示。

选择模型需要根据实际条件综合考虑数据集大小、数据集复杂度、部署算力类型、推理实时性要求等因素。

一般来说，数据集在 1000 张左右时优先使用轻量级的 YOLOv8n，防止过拟合；数据集达到 10 000 张时优先使用 YOLOv8s 或者 YOLOv8m，YOLOv8m 算法精度相比于 YOLOv8n 有较大的提升；数据集在 100 000 张及以上级别可以使用复杂性比较高的 YOLOv8l 或者 YOLOv8x。另外，需要检测的目标对象越多，目标干扰因素就越多，则需要选择更大的模型才能保证算法效果。在实际的工程实践中，往往需要尝试训练几个不同参数级别的模型以评估是否能满足需求。

前面已经完成数据集的处理，共有 21527 张图片，目标对象为火焰和烟雾两种，选用 YOLOv8s 进行训练。下面进行火情识别模型的训练和调优。

9.1.3 YOLOv8 环境搭建及训练

执行以下命令安装 YOLOv8 运行环境，如果已经安装可忽略。

```
pip install ultralytics
```

项目 3 已经尝试过使用 CPU 进行小规模数据集的训练，本项目总数据量达到两万多张，受 CPU 算力限制，训练时间会比较长，而且能调整的超参数范围有限。在此，选择使用 GPU 进行训练。值得注意的是，使用 GPU 训练需要关注以下几个超参数的设置：

(1) device 超参数需要根据 GPU 的数量进行设置，单张 GPU 时 device=0、两张 GPU 时 device=0,1、多张 GPU 依此类推。

(2) batch 超参数表示在更新模型内部参数之前要处理多少张图片，一般来说，较大的 batch 可以提高计算效率，因为可以并行处理更多的样本，同时也可以减少参数更新的频率，使得每次更新的方向更加稳定。然而，较小的 batch 可以更好地利用数据集，因为在一个 batch 中的样本可能更加多样化，有助于模型更好地学习数据的分布特征。在实际的工程应用中，batch 值一般取 8 的倍数，在算力充足的情况下可以多尝试不同的值进行实验。

(3) epoch 超参数表示训练的周期数，每一个周期代表对整个数据集进行一次完整的训练，调整该值会影响训练时间和模型性能。实际工程应用中可以先迭代 100 次，查看训练日志中的 loss 值是否已经收敛，若未收敛可增加次数。

YOLOv8 训练模块已经封装在 train() 方法中，以下为训练代码：

代码 9-2

```python
from ultralytics import YOLO

# 使用模型配置文件初始化 YOLO 对象
model = YOLO("yolov8s.yaml")
# 从文件 "yolov8s.pt" 加载预训练的 YOLO 模型权重
model = YOLO('yolov8s.pt')
# 定义数据配置的 yaml 文件路径
data_yaml="fire_smok_detect.yaml"
results = model.train(data=data_yaml,      # 数据集配置文件的路径
            task='detect',  # 训练任务：'detect' 表示目标检测
            epochs=100,     # 设置训练周期数为 100
            imgsz=640,      # 输入图像尺寸为 640*640
            batch=16,       # 设置批量大小为 16
            device='0',     # 训练所用设备 ('cpu' 或 'cuda')
            project='logs', # 训练日志保存路径
            optimizer='auto' # 自动选择优化器
```

)

输出结果：

Ultralytics YOLOv8.1.16 Python-3.8.10 torch-1.13.1+cu117 CUDA:2 (NVIDIA A100-SXM4-40GB, 40396MiB)

第一部分：

engine/trainer: task=detect, mode=train, model=yolov8s.pt, data=fire_smok_detect.yaml, epochs=100, time=None, patience=100, batch=16, imgsz=640, save=True, save_period=-1, cache=False, device=2, workers=8, project=logs, name=train5, exist_ok=False, pretrained=True, optimizer=auto, verbose=True, seed=0, deterministic=True, single_cls=False, rect=False, cos_lr=False, close_mosaic=10, resume=False, amp=True, fraction=1.0, profile=False, freeze=None, multi_scale=False, overlap_mask=True, mask_ratio=4, dropout=0.0, val=True, split=val, save_json=False, save_hybrid=False, conf=None, iou=0.7, max_det=300, half=False, dnn=False, plots=True, source=None, vid_stride=1, stream_buffer=False, visualize=False, augment=False, agnostic_nms=False, classes=None, retina_masks=False, embed=None, show=False, save_frames=False, save_txt=False, save_conf=False, save_crop=False, show_labels=True, show_conf=True, show_boxes=True, line_width=None, format=torchscript, keras=False, optimize=False, int8=False, dynamic=False, simplify=False, opset=None, workspace=4, nms=False, lr0=0.01, lrf=0.01, momentum=0.937, weight_decay=0.0005, warmup_epochs=3.0, warmup_momentum=0.8, warmup_bias_lr=0.1, box=7.5, cls=0.5, dfl=1.5, pose=12.0, kobj=1.0, label_smoothing=0.0, nbs=64, hsv_h=0.015, hsv_s=0.7, hsv_v=0.4, degrees=0.0, translate=0.1, scale=0.5, shear=0.0, perspective=0.0, flipud=0.0, fliplr=0.5, mosaic=1.0, mixup=0.0, copy_paste=0.0, auto_augment=randaugment, erasing=0.4, crop_fraction=1.0, cfg=None, tracker=botsort.yaml, save_dir=logs/train5

Overriding model.yaml nc=80 with nc=2

	from	n	params	module	arguments
0	-1	1	928	ultralytics.nn.modules.conv.Conv	[3, 32, 3, 2]
1	-1	1	18560	ultralytics.nn.modules.conv.Conv	[32, 64, 3, 2]
2	-1	1	29056	ultralytics.nn.modules.block.C2f	[64, 64, 1, True]
3	-1	1	73984	ultralytics.nn.modules.conv.Conv	[64, 128, 3, 2]
4	-1	2	197632	ultralytics.nn.modules.block.C2f	[128, 128, 2, True]
5	-1	1	295424	ultralytics.nn.modules.conv.Conv	[128, 256, 3, 2]
6	-1	2	788480	ultralytics.nn.modules.block.C2f	[256, 256, 2, True]
7	-1	1	1180672	ultralytics.nn.modules.conv.Conv	[256, 512, 3, 2]
8	-1	1	1838080	ultralytics.nn.modules.block.C2f	[512, 512, 1, True]
9	-1	1	656896	ultralytics.nn.modules.block.SPPF	[512, 512, 5]
10	-1	1	0	torch.nn.modules.upsampling.Upsample	[None, 2, 'nearest']
11	[-1, 6]	1	0	ultralytics.nn.modules.conv.Concat	[1]
12	-1	1	591360	ultralytics.nn.modules.block.C2f	[768, 256, 1]
13	-1	1	0	torch.nn.modules.upsampling.Upsample	[None, 2, 'nearest']

14	[-1, 4]	1	0	ultralytics.nn.modules.conv.Concat	[1]
15	-1	1	148224	ultralytics.nn.modules.block.C2f	[384, 128, 1]
16	-1	1	147712	ultralytics.nn.modules.conv.Conv	[128, 128, 3, 2]
17	[-1, 12]	1	0	ultralytics.nn.modules.conv.Concat	[1]
18	-1	1	493056	ultralytics.nn.modules.block.C2f	[384, 256, 1]
19	-1	1	590336	ultralytics.nn.modules.conv.Conv	[256, 256, 3, 2]
20	[-1, 9]	1	0	ultralytics.nn.modules.conv.Concat	[1]
21	-1	1	1969152	ultralytics.nn.modules.block.C2f	[768, 512, 1]
22	[15, 18, 21]	1	2116822	ultralytics.nn.modules.head.Detect	[2, [128, 256, 512]]

Model summary: 225 layers, 11136374 parameters, 11136358 gradients, 28.6 GFLOPs

第二部分：

Transferred 349/355 items from pretrained weights

Freezing layer 'model.22.dfl.conv.weight'

AMP: running Automatic Mixed Precision (AMP) checks with YOLOv8n...

AMP: checks passed √

train: Scanning /home/project9/dataset/dfiredataset/labels/train... 17221 images, 7871 backgrounds, 6 corrupt: 100%|██████████████| 17221/17221 [00:10<00:00, 1585.47it/s]

train: New cache created: /home/project9/dataset/dfiredataset/labels/train.cache

albumentations: Blur(p=0.01, blur_limit=(3, 7)), MedianBlur(p=0.01, blur_limit=(3, 7)), ToGray(p=0.01), CLAHE(p=0.01, clip_limit=(1, 4.0), tile_grid_size=(8, 8))

val: Scanning /home/project9/dataset/dfiredataset/labels/val... 2152 images, 983 backgrounds, 0 corrupt: 100%|██████████████| 2152/2152 [00:01<00:00, 1458.08it/s]

val: New cache created: /home/project9/dataset/dfiredataset/labels/val.cache

Plotting labels to logs/train5/labels.jpg...

optimizer: 'optimizer=auto' found, ignoring 'lr0=0.01' and 'momentum=0.937' and determining best 'optimizer', 'lr0' and 'momentum' automatically...

optimizer: SGD(lr=0.01, momentum=0.9) with parameter groups 57 weight(decay=0.0), 64 weight(decay=0.0005), 63 bias(decay=0.0)

Image sizes 640 train, 640 val

Using 8 dataloader workers

Logging results to logs/train5

第三部分：

Starting training for 100 epochs...

    Epoch   GPU_mem   box_loss   cls_loss   dfl_loss Instances   Size

```
    1/100    3.59G    1.621    2.115    1.529    34    640
             Class    Images   Instances   Box(P    R    mAP50   mAP50-95)
             all      2152     2590        0.573   0.479   0.512   0.257
......
Closing dataloader mosaic
albumentations: Blur(p=0.01, blur_limit=(3, 7)), MedianBlur(p=0.01, blur_limit=(3, 7)), ToGray(p=0.01), CLAHE(p=0.01, clip_limit=(1, 4.0), tile_grid_size=(8, 8))
......
     Epoch   GPU_mem   box_loss   cls_loss   dfl_loss   Instances   Size
    100/100   3.66G     0.927      0.5007     1.036      27          640
             Class    Images   Instances   Box(P    R    mAP50   mAP50-95)
             all      2152     2590        0.807   0.75    0.806   0.487

100 epochs completed in 2.141 hours.
Optimizer stripped from logs/train5/weights/last.pt, 22.5MB
Optimizer stripped from logs/train5/weights/best.pt, 22.5MB
```

第四部分：

```
Validating logs/train5/weights/best.pt...
Ultralytics YOLOv8.1.16  Python-3.8.10 torch-1.13.1+cu117 CUDA:2 (NVIDIA A100-SXM4-40GB, 40396MiB)
Model summary (fused): 168 layers, 11126358 parameters, 0 gradients, 28.4 GFLOPs
             Class    Images   Instances   Box(P    R       mAP50   mAP50-95)
             all      2152     2590        0.795    0.756   0.806   0.488
             smoke    2152     1166        0.829    0.813   0.847   0.548
             fire     2152     1424        0.761    0.699   0.765   0.429
Speed: 0.1ms preprocess, 0.5ms inference, 0.0ms loss, 0.3ms postprocess per image
Results saved to logs/train5
```

9.1.4 算法效果分析

训练结束后，需要对训练效果进行评估分析，在 logs 文件夹可以找到文件名为"results.png"的图片，如图 9-4 所示，该图对训练过程中的数据进行了可视化。val/box_loss 和 val/cls_loss 曲线分别表示验证数据集下框回归损失值和类别分类损失值的变化过程，随着训练周期增加，损失值不断下降；metrics/precision(B) 和 metrics/recall(B) 曲线分别表示精准率和召回率两个指标值的变化过程，随着训练周期增加，其值不断上升，在 epoch=50 附近趋于稳定，说明模型已经收敛。

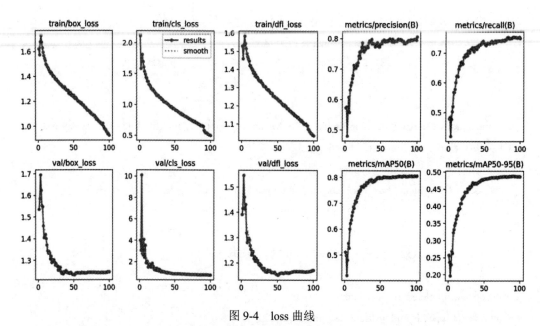

图 9-4　loss 曲线

再分析图 9-5 的 P-R 曲线，精准率和召回率的值越大，代表算法的效果越好。整体上，烟雾目标检测的曲线处于火焰目标检测曲线上面，所以烟雾检测效果更好。

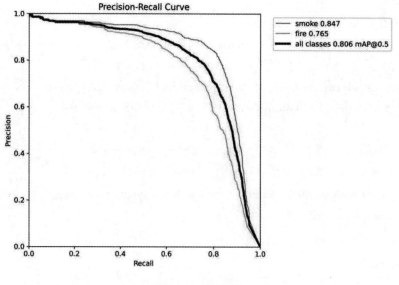

图 9-5　P-R 曲线

9.1.5　算法模型调优

当前版本模型已经收敛，最终模型的平均准确率达到 80.6%，仍然存在一定的提升空间。但是，仅仅增加训练周期 epoch 已经无法实现损失值继续下降或者使得精准率和召回率上升。影响算法训练效果的因素是多方面的，一般来说，在工程应用上可以尝试以下几种方法进行调优：

(1) 调整模型训练的超参数。常用的超参数包括：① 优化器 optimizer，可以配置为 SGD、Adam、Adamax、AdamW、NAdam、RAdam、RMSProp、auto 等，不同的优化器对训练效果产生的影响不同，YOLO 系列算法可以优先使用 AdamW。② 学习率 lr0，用于训练过程中更新网络权重，学习率太大，梯度容易爆炸，损失值的振幅较大，模型难以收敛；学习率太小，容易过拟合，也容易陷入"局部最优"点；在 YOLO 系列的训练中可以参考设置为 0.0001。另外，flipud、fliplr、mosaic、mixup、copy_paste 也是常用的数据增强超参数，可以增加训练数据的多样性，提升模型的训练效果。

(2) 更换更复杂的模型版本。前面提到过 YOLOv8 模型参数量由小到大分为 n、s、m、l、x 五个版本，模型参数量越大则表征能力越强，可以多尝试跑几个更大的版本进行比较。当然训练数据量较小的情况下，模型参数量过大，容易出现过拟合现象。

(3) 清洗训练数据集。训练数据的质量对算法训练的效果也有较大的影响，本项目使用的 D-Fire 数据集存在负样本比较多、标注不准确、图片分辨率过低等问题。经过人工清洗减少负样本图片、修正标注不准确的目标框后再进行训练，效果会有较大的提升。

任务9.2 推理框架及模型转换

深度学习模型的工程化部署是一个综合性的流程，它确保了从训练到实际应用的无缝过渡。在这一过程中，推理框架及模型转换扮演着至关重要的角色。推理框架不仅负责加载训练好的模型，还确保了模型在各种实际应用场景中的高效执行。它通过优化算法和利用特定硬件加速，可显著提升模型的推理速度和性能。例如，TensorRT 针对 NVIDIA GPU 进行了深度优化，而 OpenVINO 则为 Intel 硬件提供了高效的模型部署解决方案。

与此同时，模型转换作为连接不同框架和平台的桥梁，允许我们将模型从训练框架无缝迁移到推理框架。这一步骤通常涉及将模型导出为 ONNX 等中间格式，然后再转换为特定推理框架支持的格式，如 TensorRT 的优化模型。这样的转换不仅简化了部署流程，还提高了模型在不同硬件上的兼容性和可移植性。

在整个部署过程中，推理框架和模型转换的高效协作，使得深度学习模型能够快速适应不同的运行环境，无论是在云端服务器、边缘设备还是移动设备上，都能实现快速、准确的推理。通过这种紧密集成的方法，我们可以确保模型在保持高性能的同时，也能够灵活地应对各种实际应用需求。

任务目标

(1) 了解模型工程化的必要性及整体流程。

(2) 掌握 YOLOv8 模型转换为其他格式的方法。

相关知识

9.2.1 推理框架概述

模型训练和推理是深度学习模型开发过程中的两个关键阶段,它们使用不同的框架来完成各自的任务。训练框架用于模型训练阶段,更注重计算能力和灵活性。在这个阶段,模型通过大量的数据进行学习,以识别数据中的模式和关系,常见的训练框架有 PyTorch、TensorFlow、Keras、PaddlePaddle,它们具有以下特点:

(1) 计算密集型:训练通常需要大量的计算资源,一般需要使用 GPU。

(2) 可扩展性:支持分布式训练,以加快训练过程。

(3) 调试和优化:提供工具和接口调试模型超参数,方便模型调优。

推理框架用于模型部署和实际应用阶段,更注重效率和稳定性。在这个阶段,模型已经训练完成,需要在实际应用中快速准确地给出结果。常用的推理框架有 TensorRT、OpenVINO、ONNX RUNTIME、TNN,它们具有以下特点:

(1) 高效率:推理框架通常优化了模型的执行效率,以减少延迟和提高响应速度。

(2) 低资源消耗:推理时对计算资源的需求通常低于训练阶段。

(3) 高适应性:支持在多种平台上运行,包括服务器、移动设备和嵌入式系统。

(4) 稳定性:推理框架需要保证模型的稳定性和可靠性。

训练框架与推理框架的关系如图 9-6 所示。

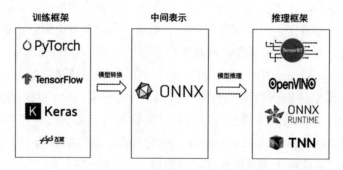

图 9-6 训练框架与推理框架的关系

实际上,训练框架一般也具备模型推理的能力。训练框架大部分的功能体现在可以更灵活地进行算法训练调优,依赖的环境更复杂,需要安装的组件更多,对算力资源的要求比较高。但是,模型推理阶段往往不需要使用这些组件,造成了资源浪费。而且,在边缘盒子或者终端设备上,算力资源有限,无法满足训练框架的部署。推理框架提供更轻量的部署环境,并且针对不同的芯片进行模型网络优化,具有更高的推理性能。

9.2.2 ONNX RUNTIME 推理框架实战

通过不同训练框架研发出来的模型是用不同的格式表示的。PyTorch 通常保存为 .pt 或 .pth 文件,TensorFlow 通常输出为 .pb 格式文件,Keras 通常输出为 .h5 或 .hd5 格式文件。

不同的原始模型格式在选择不同的推理框架进行部署时需要进行格式转换。ONNX 格式是一个开放的模型标准，用于表示深度学习模型，使得模型可以在不同的深度学习框架之间灵活转换。主流训练框架输出的模型均可统一为 ONNX 格式，基于 ONNX 格式可以再转换为其他的推理格式。

以下为 ONNX 开发环境搭建过程：

```
# 安装 onnx
pip install onnx==1.13.1
# 安装 ONNX Runtime CPU 版本
pip install onnxruntime
# 安装 ONNX Runtime GPU 版本
pip install onnxruntime-gpu
```

以下代码实现 PyTorch 框架训练出来的 .pt 格式模型转换为 onnx 格式：

代码 9-3

```python
from ultralytics import YOLO
import sys
sys.path.append("/home/project9/")  # 当前路径加入环境变量


def yolo_export():

    # 定义检测模型的文件名，这里使用的是 PyTorch 格式的模型文件
    DET_MODEL_NAME = "deploy/onnxmodels/yolov8n-best.pt"

    # 加载检测模型，这里假设 YOLO 类能够处理 PyTorch 格式的模型
    model = YOLO(DET_MODEL_NAME)

    # 导出模型为 ONNX 格式，指定 ONNX 操作集版本为 12
    # path 参数指定了导出的 ONNX 模型文件的存储路径
    model.export(format='onnx', opset=12)
```

输出结果：

```
Ultralytics YOLOv8.1.16  Python-3.8.10 torch-1.11.0+cpu CPU (12th Gen Intel Core(TM) i7-1255U)
Model summary (fused): 168 layers, 3006038 parameters, 0 gradients, 8.1 GFLOPs

PyTorch: starting from '../project9/weight/yolov8n-best.pt' with input shape (1, 3, 640, 640) BCHW and output shape(s) (1, 6, 8400) (6.0 MB)

ONNX: starting export with onnx 1.15.0 opset 12...
ONNX: export success √ 2.1s, saved as '../project9/weight/yolov8n-best.onnx' (11.7 MB)
```

```
Export complete (4.8s)
Results saved to /home/gao/project9/weight
Predict:        yolo predict task=detect model=../project9/weight/yolov8n-best.onnx imgsz=640
Validate:       yolo val task=detect model=../project9/weight/yolov8n-best.onnx imgsz=640 data=fire_smok_
detect.yaml
Visualize:      https://netron.app
```

从输出结果中可以看到在模型文件目录下出现了后缀为 onnx 的模型文件 yolov8n-best.onnx。

9.2.3 OpenVINO 推理框架实战

OpenVINO(Open Visual Inference and Neural Network Optimization) 是由英特尔公司开发的一款开源库和工具集，旨在加速深度学习推理任务，特别是在边缘设备上。OpenVINO 工具套件利用了英特尔硬件的架构优势，通过自动优化和精确调整，实现深度学习模型的高效执行。通过 OpenVINO，开发者可以构建高性能、低延迟的深度学习应用，特别是在资源受限的边缘设备上，这使得它成为实现智能边缘计算的理想选择。OpenVINO 架构如图 9-7 所示。

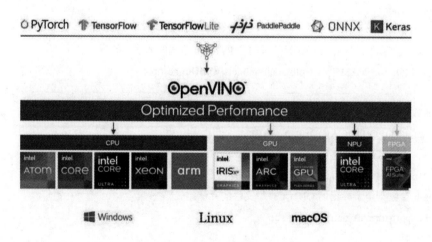

图 9-7　OpenVINO 架构

OpenVINO 有以下优点：

(1) 跨平台支持：OpenVINO 支持多种操作系统和硬件平台，包括 Windows、Linux、macOS 以及各种英特尔体系的嵌入式设备。

(2) 模型优化：OpenVINO 提供了模型优化器，将训练好的深度学习模型转换为优化后的 IR 表示，以适应不同的硬件加速器。

(3) 推理加速：利用英特尔硬件的专用指令集进行优化，推理速度提升显著。

(4) 支持多种框架：OpenVINO 支持从流行的深度学习框架 (如 TensorFlow、PyTorch 等) 导出的模型或者通过 ONNX 进行格式转换。

以下为 OpenVINO 开发环境搭建过程：

pip install openvino-dev

以下代码实现将 PyTorch 框架训练出来的 .pt 格式模型转换为 OpenVINO 格式：

代码 9-4

```
from ultralytics import YOLO
from pathlib import Path
import sys
sys.path.append("/home/project9/")


def export():
    # 定义检测模型的文件名，这里使用的是 PyTorch 格式的模型文件
    DET_MODEL_NAME = "deploy/openvinomodels/yolov8s-best.pt"
    # 加载检测模型
    det_model = YOLO(DET_MODEL_NAME)
    # 构建导出模型的路径 , 路径包括模型原始路径的父目录，加上导出目录和导出的 XML 文件名
    det_model_path = Path(f"{DET_MODEL_NAME}_openvino_model/{DET_MODEL_NAME}.xml")
    # 检查导出的 OpenVINO 模型 XML 文件是否存在
    if not det_model_path.exists():
        # 如果 XML 文件不存在，则导出 OpenVINO 格式模型
        # format="openvino" 指定导出格式为 OpenVINO
        # dynamic=True 表示导出动态尺寸的模型
        # half=False 表示不使用半精度浮点数，保持模型为全精度浮点数
        det_model.export(format="openvino", dynamic=True, half=False)


if __name__ == '__main__':
    export()
```

输出结果：

Ultralytics YOLOv8.1.16 Python-3.8.10 torch-1.11.0+cpu CPU (12th Gen Intel Core(TM) i7-1255U)

Model summary (fused): 168 layers, 11126358 parameters, 0 gradients, 28.4 GFLOPs

PyTorch: starting from '../project9/deploy/openvinomodels/yolov8s-best.pt' with input shape (1, 3, 640, 640) BCHW and output shape(s) (1, 6, 8400) (21.5 MB)

ONNX: starting export with onnx 1.15.0 opset 12...

ONNX: export success √ 2.0s, saved as '../project9/deploy/openvinomodels/yolov8s-best.onnx' (42.6 MB)

OpenVINO: starting export with openvino 2024.0.0-14509-34caeefd078-releases/2024/0...

OpenVINO: export success √ 0.8s, saved as '../project9/deploy/openvinomodels/yolov8s-best_openvino_model/' (42.7 MB)

Export complete (4.9s)

Results saved to /home/gao/project9/deploy/openvinomodels

Predict:　　　yolo predict task=detect model=../project9/deploy/openvinomodels/yolov8s-best_openvino_model imgsz=640

Validate:　　yolo val task=detect model=../project9/deploy/openvinomodels/yolov8s-best_openvino_model imgsz=640 data=fire_smok_detect.yaml

Visualize:　　https://netron.app

从输出结果可以看出，在模型文件目录下先生成 onnx 格式文件，再自动创建名为"yolov8s-best_openvino_model"的文件夹，并且生成 yaml、bin 和 xml 三个文件。

9.2.4　TensorRT 推理框架实战

TensorRT 是一个由 NVIDIA 开发的深度学习推理引擎，它专为优化和加速深度学习模型的推理过程而设计。TensorRT 支持多种深度学习框架，如 TensorFlow、PyTorch、Caffe 等，它能够将这些框架训练好的模型转换为 TensorRT 优化过的模型格式。TensorRT 架构如图 9-8 所示。

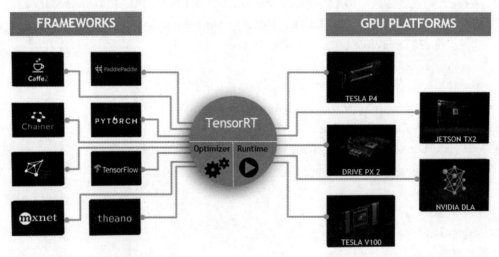

图 9-8　TensorRT 架构

TensorRT 的主要特点如下：

(1) 性能优化：TensorRT 能够对模型进行深度优化，包括层融合、精度校准、内存访问优化等，可以显著提升模型的推理速度。

(2) 多精度支持：除了支持标准的 FP32 精度外，TensorRT 还支持 FP16 和 INT8 精度，这有助于在保持模型性能的同时减少计算资源的消耗。

(3) 动态形状支持：TensorRT 支持动态输入形状，使得模型能够适应不同大小的输入数据，增强了模型的灵活性。

(4) API 丰富：TensorRT 提供了丰富的 API，便于开发者进行模型转换、优化和部署。

(5) 硬件加速：TensorRT 能够充分利用 NVIDIA GPU 的硬件加速能力，实现高效的并行计算。

TensorRT 开发环境搭建过程比较复杂，如图 9-9 所示，主要分为以下几个步骤：

STEP1：确认系统环境

检查 Ubuntu 发行版本，使用命令 cat /etc/lsb-release，如下所示：

```
root@ubuntu:/# cat /etc/lsb-release
DISTRIB_ID=Ubuntu
DISTRIB_RELEASE=20.04
DISTRIB_CODENAME=focal
DISTRIB_DESCRIPTION="Ubuntu 20.04.5 LTS"
```

检查 CUDA 版本，使用命令 ls -l /usr/local/ | grep cuda，如下所示：

```
root@ubuntu:/# ls -l /usr/local/ | grep cuda
lrwxrwxrwx 1 root root   22 Dec 15  2022 cuda -> /etc/alternatives/cuda
lrwxrwxrwx 1 root root   25 Dec 15  2022 cuda-11 -> /etc/alternatives/cuda-11
drwxr-xr-x 1 root root 4096 Dec 15  2022 cuda-11.5
```

STEP2：下载 TensorRT 安装包

访问 NVIDIA 的 TensorRT 下载页面 https://developer.nvidia.com/tensorrt/download。

选择与 CUDA 版本、操作系统版本相匹配的 TensorRT 版本。由上一步可知运行环境 CUDA 版本为 11.5，操作系统为 Ubuntu 20.04.5，可选择 TensorRT 8.6 版本下载。从官网可以了解到 Linux 系统支持 Debian、RPM 和 TAR 三种安装方式。本项目使用 TAR 方式安装。

NVIDIA TensorRT 8.x Download

NVIDIA TensorRT is a platform for high performance deep learning inference.
TensorRT works across all NVIDIA GPUs using the CUDA platform.
Please review TensorRT online documentation for more information, including the installation guide.
☑ I Agree To the Terms of the NVIDIA TensorRT License Agreement
Please download the version compatible with your development environment.

TensorRT 8.6 GA

TensorRT 8.6 EA

Documentation
> Online Documentation

TensorRT 8.6 EA for x86_64 Architecture

Debian, RPM, and TAR Install Packages for Linux

> TensorRT 8.6 EA for Linux x86_64 and CUDA 11.0, 11.1, 11.2, 11.3, 11.4, 11.5, 11.6, 11.7 and 11.8 TAR Package
> TensorRT 8.6 EA for Ubuntu 22.04 and CUDA 11.0, 11.1, 11.2, 11.3, 11.4, 11.5, 11.6, 11.7 and 11.8 DEB local repo Package
> TensorRT 8.6 EA for Ubuntu 20.04 and CUDA 11.0, 11.1, 11.2, 11.3, 11.4, 11.5, 11.6, 11.7 and 11.8 DEB local repo Package
> TensorRT 8.6 EA for Ubuntu 18.04 and CUDA 11.0, 11.1, 11.2, 11.3, 11.4, 11.5, 11.6, 11.7 and 11.8 DEB local repo Package
> TensorRT 8.6 EA for CentOS / RedHat 7 and CUDA 11.0, 11.1, 11.2, 11.3, 11.4, 11.5, 11.6, 11.7 and 11.8 RPM local repo Package
> TensorRT 8.6 EA for CentOS / RedHat 8 and CUDA 11.0, 11.1, 11.2, 11.3, 11.4, 11.5, 11.6, 11.7 and 11.8 RPM local repo Package
> TensorRT 8.6 EA for Linux x86_64 and CUDA 12.0 TAR Package
> TensorRT 8.6 EA for Ubuntu 22.04 and CUDA 12.0 DEB local repo Package
> TensorRT 8.6 EA for Ubuntu 20.04 and CUDA 12.0 DEB local repo Package
> TensorRT 8.6 EA for Ubuntu 18.04 and CUDA 12.0 DEB local repo Package
> TensorRT 8.6 EA for CentOS / RedHat 7 and CUDA 12.0 RPM local repo Package
> TensorRT 8.6 EA for CentOS / RedHat 8 and CUDA 12.0 RPM local repo Package

STEP3：安装 TensorRT

使用以下命令解压安装包：

tar xzvf TensorRT-8.6.1.6.Linux.x86_64-gnu.cuda-11.8.tar.gz

将 TensorRT 的库路径添加到 LD_LIBRARY_PATH 环境变量：

export LD_LIBRARY_PATH=$LD_LIBRARY_PATH:/home/TensorRT-8.6.1.6/lib

进入 TensorRT 目录，安装 Python TensorRT wheel 文件 (python 3.8.10)：

cd TensorRT-8.6.1.6/python && ll

```
root@ubuntu:/home# cd TensorRT-8.6.1.6/python && ll
total 10992
drwxr-xr-x  2 root root   4096 Apr 27 2023 ./
drwxr-xr-x 11 root root   4096 Apr 27 2023 ../
-rw-r--r--  1 root root 979244 Apr 27 2023 tensorrt-8.6.1-cp310-none-linux_x86_64.whl
-rw-r--r--  1 root root 980645 Apr 27 2023 tensorrt-8.6.1-cp311-none-linux_x86_64.whl
-rw-r--r--  1 root root 995388 Apr 27 2023 tensorrt-8.6.1-cp36-none-linux_x86_64.whl
-rw-r--r--  1 root root 993204 Apr 27 2023 tensorrt-8.6.1-cp37-none-linux_x86_64.whl
-rw-r--r--  1 root root 977594 Apr 27 2023 tensorrt-8.6.1-cp38-none-linux_x86_64.whl
-rw-r--r--  1 root root 979231 Apr 27 2023 tensorrt-8.6.1-cp39-none-linux_x86_64.whl
-rw-r--r--  1 root root 439336 Apr 27 2023 tensorrt_dispatch-8.6.1-cp310-none-linux_x86_64.whl
-rw-r--r--  1 root root 439655 Apr 27 2023 tensorrt_dispatch-8.6.1-cp311-none-linux_x86_64.whl
-rw-r--r--  1 root root 442879 Apr 27 2023 tensorrt_dispatch-8.6.1-cp36-none-linux_x86_64.whl
-rw-r--r--  1 root root 443553 Apr 27 2023 tensorrt_dispatch-8.6.1-cp37-none-linux_x86_64.whl
-rw-r--r--  1 root root 439085 Apr 27 2023 tensorrt_dispatch-8.6.1-cp38-none-linux_x86_64.whl
-rw-r--r--  1 root root 439496 Apr 27 2023 tensorrt_dispatch-8.6.1-cp39-none-linux_x86_64.whl
-rw-r--r--  1 root root 439241 Apr 27 2023 tensorrt_lean-8.6.1-cp310-none-linux_x86_64.whl
-rw-r--r--  1 root root 439575 Apr 27 2023 tensorrt_lean-8.6.1-cp311-none-linux_x86_64.whl
-rw-r--r--  1 root root 442744 Apr 27 2023 tensorrt_lean-8.6.1-cp36-none-linux_x86_64.whl
-rw-r--r--  1 root root 443402 Apr 27 2023 tensorrt_lean-8.6.1-cp37-none-linux_x86_64.whl
-rw-r--r--  1 root root 438972 Apr 27 2023 tensorrt_lean-8.6.1-cp38-none-linux_x86_64.whl
-rw-r--r--  1 root root 439436 Apr 27 2023 tensorrt_lean-8.6.1-cp39-none-linux_x86_64.whl
```

pip install tensorrt-8.6.1-cp38-none-linux_x86_64.whl

```
root@ubuntu:/home/TensorRT-8.6.1.6/python# pip install tensorrt-8.6.1-cp38-none-linux_x86_64.whl
Processing ./tensorrt-8.6.1-cp38-none-linux_x86_64.whl
Installing collected packages: tensorrt
Successfully installed tensorrt-8.6.1
```

安装 UFF(支持 TensorFlow 模型转化)：

cd TensorRT-8.6.1.6/uff/&&ll

```
root@ubuntu:/home# cd TensorRT-8.6.1.6/uff/&&ll
total 60
drwxr-xr-x  2 root root  4096 Apr 27 2023 ./
drwxr-xr-x 11 root root  4096 Apr 27 2023 ../
-rw-r--r--  1 root root 52515 Apr 27 2023 uff-0.6.9-py2.py3-none-any.whl
```

pip install uff-0.6.9-py2.py3-none-any.whl

```
Installing collected packages: protobuf, uff
Successfully installed protobuf-5.26.1 uff-0.6.9
```

安装 graphsurgeon(支持自定义结构)：

cd TensorRT-8.6.1.6/graphsurgeon/&&ll

```
root@ubuntu:/home# cd TensorRT-8.6.1.6/graphsurgeon/&&ll
total 32
drwxr-xr-x  2 root root  4096 Apr 27 2023 ./
drwxr-xr-x 11 root root  4096 Apr 27 2023 ../
-rw-r--r--  1 root root 21870 Apr 27 2023 graphsurgeon-0.4.6-py2.py3-none-any.whl
```

pip install graphsurgeon-0.4.6-py2.py3-none-any.whl

```
root@ubuntu:/home/TensorRT-8.6.1.6/graphsurgeon# pip install graphsurgeon-0.4.6-py2.py3-none-any.whl
Processing ./graphsurgeon-0.4.6-py2.py3-none-any.whl
Installing collected packages: graphsurgeon
Successfully installed graphsurgeon-0.4.6
```

注意事项：确保 TensorRT 版本与 CUDA 和 cuDNN 版本兼容。

图 9-9　TensorRT 开发环境搭建过程

代码9-5实现了两种算法模型转换成TensorRT专用的engine格式的方法，方法一使用YOLO框架自带的工具进行转换，该方法更简单，但是只针对YOLO的pt算法模型；方法二使用TensorRT工具进行模型转换，该方法需要先把原始模式格式转换为onnx中间表示格式，再转换为engine格式，该方式相对复杂，可以根据开发习惯选用任意一种方式进行转换。

代码9-5

```python
from ultralytics import YOLO
import sys
import time
import tensorrt as trt
import os
os.environ['CUDA_MODULE_LOADING'] = 'LAZY'
sys.path.append("/home/project9/")

def yolo_export(model_path):
    # 加载检测模型，这里假设YOLO类能够处理ONNX格式的模型
    model = YOLO(model_path)
    # 导出模型为TensorRT engine格式，device=6表示使用第6个GPU设备进行导出
    model.export(format='engine', device=6)

def trt_export(onnx_model_path,engine_model_path):
    TRT_LOGGER = trt.Logger(trt.Logger.WARNING)
    convert_start = time.time()
    with open(onnx_model_path, 'rb') as f:
        onnx_bytes = f.read()
    # 创建builder和network
    builder = trt.Builder(TRT_LOGGER)
    network = builder.create_network(1 << int(trt.NetworkDefinitionCreationFlag.EXPLICIT_BATCH))
    # 创建parser并解析ONNX模型
    parser = trt.OnnxParser(network, TRT_LOGGER)
    if not parser.parse(onnx_bytes):
        print('Failed to parse the ONNX model')
        exit()
    # 配置builder
    config = builder.create_builder_config()
    #config.set_memory_pool_limit(trt.MemoryPoolType.WORKSPACE, 1 << 20)
    config.max_workspace_size = 1 << 20
    config.set_flag(trt.BuilderFlag.FP16)
```

```python
# 优化网络
builder.max_batch_size = 1  # 根据需要设置 batch size
engine = builder.build_engine(network,config)
with open(engine_model_path, 'wb') as f:
    f.write(engine.serialize())
convert_end = time.time()
print('It takes: %f s for converting.'%(convert_end-convert_start))


if __name__ == '__main__':
    #pt_model_path = "deploy/tensorrtmodels/yolov8n-best.pt"
    onnx_model_path = "deploy/tensorrtmodels/yolov8n-best.onnx"
    engine_model_path = "deploy/tensorrtmodels/yolov8n-best.engine"
    # 方法一：使用 YOLO 工具进行模型转换（支持 pt 格式转 engine 格式）
    #yolo_export(pt_model_path)
    # 方法二：使用 TensorRT 工具进行模型转换（支持 onnx 格式转 engine 格式）
    trt_export(onnx_model_path,engine_model_path)
```

输出结果：

Ultralytics YOLOv8.1.29 Python-3.8.10 torch-1.13.1+cu117 CUDA:6 (NVIDIA A100-SXM4-40GB, 40396MiB)

Model summary (fused): 168 layers, 3006038 parameters, 0 gradients, 8.1 GFLOPs

PyTorch: starting from 'deploy/tensorrtmodels/yolov8n-best.pt' with input shape (1, 3, 640, 640) BCHW and output shape(s) (1, 6, 8400) (6.0 MB)

ONNX: starting export with onnx 1.13.1 opset 16...
ONNX: export success ✓ 0.6s, saved as 'deploy/tensorrtmodels/yolov8n-best.onnx' (11.7 MB)

TensorRT: starting export with TensorRT 8.6.1...
[05/24/2024-18:34:23] [TRT] [I] [MemUsageChange] Init CUDA: CPU +1, GPU +0, now: CPU 1733, GPU 1461 (MiB)
[05/24/2024-18:34:42] [TRT] [I] [MemUsageChange] Init builder kernel library: CPU +1404, GPU +310, now: CPU 3214, GPU 1771 (MiB)
[05/24/2024-18:34:42] [TRT] [I] --
[05/24/2024-18:34:42] [TRT] [I] Input filename: deploy/tensorrtmodels/yolov8n-best.onnx
[05/24/2024-18:34:42] [TRT] [I] ONNX IR version: 0.0.7
[05/24/2024-18:34:42] [TRT] [I] Opset version: 16
[05/24/2024-18:34:42] [TRT] [I] Producer name: pytorch
[05/24/2024-18:34:42] [TRT] [I] Producer version: 1.13.1
[05/24/2024-18:34:42] [TRT] [I] Domain:
[05/24/2024-18:34:42] [TRT] [I] Model version: 0

[05/24/2024-18:34:42] [TRT] [I] Doc string:
[05/24/2024-18:34:42] [TRT] [I] --
[05/24/2024-18:34:42] [TRT] [W] onnx2trt_utils.cpp:374: Your ONNX model has been generated with INT64 weights, while TensorRT does not natively support INT64. Attempting to cast down to INT32.

TensorRT: input "images" with shape(1, 3, 640, 640) DataType.FLOAT

TensorRT: output "output0" with shape(1, 6, 8400) DataType.FLOAT

TensorRT: building FP32 engine as deploy/tensorrtmodels/yolov8n-best.engine

[05/24/2024-18:34:42] [TRT] [I] Graph optimization time: 0.0306461 seconds.

[05/24/2024-18:34:42] [TRT] [I] Local timing cache in use. Profiling results in this builder pass will not be stored.

[05/24/2024-18:49:29] [TRT] [I] Detected 1 inputs and 3 output network tensors.

[05/24/2024-18:49:36] [TRT] [I] Total Host Persistent Memory: 379152

[05/24/2024-18:49:36] [TRT] [I] Total Device Persistent Memory: 0

[05/24/2024-18:49:36] [TRT] [I] Total Scratch Memory: 0

[05/24/2024-18:49:36] [TRT] [I] [MemUsageStats] Peak memory usage of TRT CPU/GPU memory allocators: CPU 3 MiB, GPU 134 MiB

[05/24/2024-18:49:36] [TRT] [I] [BlockAssignment] Started assigning block shifts. This will take 175 steps to complete.

[05/24/2024-18:49:36] [TRT] [I] [BlockAssignment] Algorithm ShiftNTopDown took 7.3803ms to assign 8 blocks to 175 nodes requiring 18022912 bytes.

[05/24/2024-18:49:36] [TRT] [I] Total Activation Memory: 18022400

[05/24/2024-18:49:36] [TRT] [I] [MemUsageChange] TensorRT-managed allocation in building engine: CPU +2, GPU +12, now: CPU 2, GPU 12 (MiB)

TensorRT: export success √ 921.2s, saved as 'deploy/tensorrtmodels/yolov8n-best.engine' (14.1 MB)

Export complete (928.8s)
Results saved to /home/project9-1/deploy/tensorrtmodels
Predict: yolo predict task=detect model=deploy/tensorrtmodels/yolov8n-best.engine imgsz=640
Validate: yolo val task=detect model=deploy/tensorrtmodels/yolov8n-best.engine imgsz=640
data=fire_smok_detect.yaml
Visualize: https://netron.app

TensorRT 模式转换耗时比较长，一般需要十几分钟，转换成功会在当前目录下出现 engine 为后缀的模型文件。

任务9.3 火情识别模型部署

在深度学习模型的工程化部署中，选择合适的推理框架对于实现高性能和高效率至关重要。推理部署的难点在于如何在保持模型高精度的同时，优化推理速度并减少资源消耗，以适应各种硬件环境。OpenVINO、TensorRT 和 ONNX Runtime 是当前业界广泛使用的三个推理框架，它们各自针对不同的硬件平台和应用场景进行了优化。在实际部署过程中，开发者需要根据目标硬件平台、性能需求以及开发资源等因素，选择最合适的推理框架。

任务目标

(1) 掌握 OpenVINO、TensorRT、ONNX Runtime 推理框架的部署方法。
(2) 了解不同算力、推理框架对模型性能的影响。

相关知识

9.3.1 模型推理

通过工具进行模型转换，输出不同格式的模型文件后，下一步是加载相应的模型文件，读取图像数据进行预测。通常我们把这一阶段称为模型推理。

如图 9-10 所示，一般目标检测算法在推理阶段包括前处理、模型推理、后处理和可视化四个步骤。前处理是对输入图像进行缩放和归一化等操作，使其符合模型输入要求；接着，经过模型的推理过程，提取出图像中潜在的物体信息，输出各物体边界框和类别概率；然后，通过后处理步骤，包括推理结果解码、非极大值抑制处理和低置信度过滤等操作，筛选并优化推理输出的预测结果；最后，可视化模块将处理后的结果绘制在原始图像上，直观地展示检测出的物体及其位置和类别。

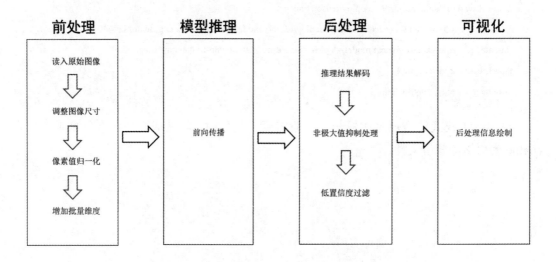

图 9-10 模型推理整体流程

代码 9-6 定义了初始化参数设置模块。

代码 9-6

```python
# 类的初始化函数，用于设置模型路径、输入图像、置信度和 IoU 阈值以及部署模式
def __init__(self, model_path, input_image, confidence_thres, iou_thres, deploy_mode):
    # 设置模型文件路径
    self.model = model_path
    # 设置输入图像路径
    self.input_image = input_image
    # 设置模型预测的置信度阈值
    self.confidence_thres = confidence_thres
    # 设置模型预测的 IoU 阈值
    self.iou_thres = iou_thres
    # 设置模型输入图像的尺寸
    self.imagesize = 640
    # 设置模型输入的 stride 值
    self.stride = 32
    # 设置模型部署模式
    self.deploy_mode = deploy_mode
```

代码 9-7 加载了 ONNX 模型。

代码 9-7

```python
if deploy_mode == '0':  # ONNX 部署方式
    # 加载 ONNX 模型
    model = onnx.load(model_path)
    # 创建 ONNX 运行时会话，指定 CUDA 和 CPU 作为执行提供者
    self.model = onnxruntime.InferenceSession(model.SerializeToString(), providers=['CUDAExecutionProvider', 'CPUExecutionProvider'])
```

代码 9-8 加载了 OpenVINO 模型。

代码 9-8

```python
elif deploy_mode == "1":  # OpenVINO 部署方式
    # 创建 OpenVINO 推理引擎
    ie = Core()
    # 读取模型
    net = ie.read_model(model=model_path)
    # 编译模型到 CPU
    self.model = ie.compile_model(net, device_name="CPU")
    # 获取模型输出的 blob
    self.out_blob = self.model.output(0)
```

代码 9-9 是 TensorRT 模型加载模块。

代码 9-9

```python
elif deploy_mode == "2":  # TensorRT 部署方式
    # 创建 TensorRT 日志记录器
    logger = trt.Logger(trt.Logger.INFO)
    # 打开模型文件并创建 TensorRT 运行时
    with open(model_path, 'rb') as w, trt.Runtime(logger) as runtime:
        # 反序列化 CUDA 引擎
        self.engine = runtime.deserialize_cuda_engine(w.read())
        # 创建执行上下文
        self.context = self.engine.create_execution_context()

# 初始化输入输出绑定和内存分配
self.inputs = []
self.outputs = []
self.allocations = []
for index in range(self.engine.num_bindings):
    is_input = False
    # 检查是否为输入绑定
    if self.engine.binding_is_input(index):
        is_input = True
    # 获取绑定的名称
    name = self.engine.get_binding_name(index)
    # 获取绑定的数据类型
    dtype = np.dtype(trt.nptype(self.engine.get_binding_dtype(index)))
    # 获取绑定的形状
    shape = self.context.get_binding_shape(index)
    # 如果是输入并且形状的第一个维度小于 0，则使用优化配置文件中的最大形状
    if is_input and shape[0] < 0:
        assert self.engine.num_optimization_profiles > 0
        profile_shape = self.engine.get_profile_shape(0, name)
        assert len(profile_shape) == 3  # min,opt,max
        self.context.set_binding_shape(index, profile_shape[2])
        shape = self.context.get_binding_shape(index)
    if is_input:
        self.batch_size = shape[0]
    # 计算分配内存的大小
```

```
            size = dtype.itemsize
            for s in shape:
                size *= s
            # 分配设备内存和主机内存(如果需要)
            allocation = cuda.mem_alloc(size)
            host_allocation = None if is_input else np.zeros(shape, dtype)

            # 保存绑定信息
            binding = {
                "index": index,
                "name": name,
                "dtype": dtype,
                "shape": list(shape),
                "allocation": allocation,
                "host_allocation": host_allocation,
            }
            # 添加到分配列表
            self.allocations.append(allocation)
            if is_input:
                self.inputs.append(binding)
            else:
                self.outputs.append(binding)
            # 打印绑定信息
            print("{} '{}' with shape {} and dtype {}".format(
                "Input" if is_input else "Output",
                binding['name'], binding['shape'], binding['dtype']))
        # 确保批量大小、输入、输出和分配列表均大于 0
        assert self.batch_size > 0
        assert len(self.inputs) > 0
        assert len(self.outputs) > 0
        assert len(self.allocations) > 0
```

代码 9-10 是数据前处理模块。

代码 9-10

```
# 定义图像前处理函数,用于将输入图像转换为模型所需的格式
    def preprocess(self,image):
        # 将输入图像保存为类的属性,后处理函数可调用
        self.img = image
```

```python
# 使用 letterbox 函数对图像进行尺寸调整，以匹配模型输入尺寸
# auto=False 表示不自动决定填充图像的方式
# stride=self.stride 表示填充时使用的步长
data = letterbox(self.img, self.imagesize, auto=False, stride=self.stride)[0]

# 将图像数据从高度、宽度、通道 (HWC) 转换为通道、高度、宽度 (CHW)
# 同时将 BGR 颜色空间转换为 RGB 颜色空间
data = data.transpose((2, 0, 1))[::-1]  # HWC to CHW, BGR to RGB

# 使用 ascontiguousarray 确保数据在内存中连续，这有助于提高模型推理速度
data = np.ascontiguousarray(data)

# 将数据类型转换为 float32，这通常是为了与模型输入的数据类型保持一致
data = data.astype('float32')

# 将图像数据的像素值从 0-255 归一化到 0.0-1.0 范围内
data /= 255.0

# 如果图像数据不是四维数组（即没有批量维度），则添加一个批量维度
# 这是为了满足模型输入的批量处理需求
if len(data.shape) == 3:
    data = data[None]

# 返回预处理后的图像数据
return data
```

代码 9-11 是后处理模块。

代码 9-11

```python
# 定义后处理函数，用于处理模型预测的结果
def postprocess(self, img, pred):
    # 将预测结果的维度从 CHW 转换为 HWC，即从通道、高度、宽度转换为高度、宽度、通道
    pred = pred.transpose((0,2,1))

    # 从预测结果中提取边界框坐标
    boxes = pred[0][:,:4]

    # 从预测结果中提取得分
    scores = pred[0][:,4:]
```

```python
# 使用多目标 NMS( 非极大值抑制 ) 来过滤重叠的预测框，保留最佳的预测
# nms_thr 是 IoU 阈值，score_thr 是置信度阈值
pred = multiclass_nms_v8(boxes, scores, nms_thr=self.iou_thres, score_thr=self.confidence_thres)

# 初始化输出信息列表
output_info = []

# 如果经过 NMS 后还有预测结果
if len(pred):
    # 将预测框的坐标从模型输入尺寸缩放到原始图片尺寸
    pred[:, :4] = scale_coords(img.shape[2:], pred[:, :4], self.img.shape).round()

    # 遍历预测结果，逆序遍历以优先处理置信度较高的预测
    for (*xyxy, conf, cls) in reversed(pred):
        # 将类别索引转换为整数
        class_id = int(cls)

        # 将边界框坐标转换为整数，并计算宽度和高度
        xmin, ymin, xmax, ymax = map(lambda x: int(np.round(float(x), 0)), xyxy)

        # 将预测结果添加到输出信息列表中，包括类别 ID、边界框坐标、置信度
        output_info.append((class_id, xmin, ymin, xmax-xmin, ymax-ymin, float(conf)))

# 返回处理后的输出信息
return output_info
```

代码 9-12 是多目标 NMS(非极大值抑制) 模块。

代码 9-12

```python
def multiclass_nms_v8(boxes, scores, nms_thr, score_thr):
    # 多类别 NMS，使用 numpy 实现
    # boxes: 检测框的坐标，格式为 (x, y, w, h)
    # scores: 每个类别的得分，形状为 [num_boxes, num_classes]
    # nms_thr: NMS 的阈值，用于确定哪些框可以被抑制
    # score_thr: 得分阈值，只有得分高于这个阈值的框才会被考虑

    # 将坐标格式从 (x, y, w, h) 转换为 (x1, y1, x2, y2)
    boxes = xywh2xyxy(boxes)
    # 用于存储最终检测结果的列表
    final_dets = []
```

```python
# 获取类别的数量
num_classes = scores.shape[1]
# 对每个类别执行 NMS
for cls_ind in range(num_classes):
    # 获取当前类别的得分
    cls_scores = scores[:, cls_ind]
    # 根据得分阈值筛选出有效的得分
    valid_score_mask = cls_scores > score_thr
    # 如果没有有效的得分，则跳过当前类别
    if valid_score_mask.sum() == 0:
        continue
    else:
        valid_cls_scores = cls_scores[valid_score_mask]
        valid_boxes = boxes[valid_score_mask]
        # 对有效得分的框执行 NMS，保留非极大值的框
        keep = nms(valid_boxes, valid_cls_scores, nms_thr)
        # 如果有框通过 NMS，则将它们添加到最终检测结果中
        if len(keep) > 0:
            # 创建一个与 keep 数组长度相同的数组，用于存储类别索引
            cls_inds = np.ones((len(keep), 1)) * cls_ind
            # 将框的坐标、得分和类别索引合并为一个数组
            dets = np.concatenate([valid_boxes[keep], valid_cls_scores[keep, None], cls_inds], 1)
            # 将当前类别的检测结果添加到最终检测结果列表中
            final_dets.append(dets)
# 如果没有检测结果，则返回空列表
if len(final_dets) == 0:
    return final_dets
# 将所有类别的检测结果合并为一个数组
return np.concatenate(final_dets, 0)
```

代码 9-13 是算法推理模块。

代码 9-13

```python
# 定义推理函数，用于执行模型的前处理、推理和后处理
def inference(self, image):

    # 对输入图像进行前处理，以适配模型输入要求
    data = self.preprocess(image)
    # 根据部署模式选择不同的推理方式
```

```python
if self.deploy_mode == "0":  # ONNX 推理
    # 使用 ONNX 模型进行推理，获取模型输出
    # self.model.get_outputs()[0].name 获取模型的第一个输出名称
    # self.model.get_inputs()[0].name 获取模型的第一个输入名称
    # 将前处理后的数据作为输入传递给模型
    pred = self.model.run([self.model.get_outputs()[0].name], {self.model.get_inputs()[0].name: data})[0]
elif self.deploy_mode == "1":  # OpenVINO 推理
    # 使用 OpenVINO 模型进行推理
    pred = self.model(data)
    # 根据输出层的名字获取推理结果
    pred = pred[self.out_blob]
elif self.deploy_mode == "2":  # TensorRT 推理
    # TensorRT 推理需要将数据从主机内存复制到 GPU 设备显存
    cuda.memcpy_htod(self.inputs[0]['allocation'], data)
    # 执行推理
    self.context.execute_v2(self.allocations)
    # 将推理结果从 GPU 设备复制回主机
    for o in range(len(self.outputs)):
        cuda.memcpy_dtoh(self.outputs[o]['host_allocation'], self.outputs[o]['allocation'])
    # 使用后处理函数处理推理结果
    output_info = self.postprocess(data, self.outputs[0]['host_allocation'])
    return output_info
else:
    # 如果部署模式不是预期的值，打印错误信息
    print(" 请输入正确的推理模式：0-ONNX 1-OpenVINO 2-TensorRT")
# 如果是 ONNX 或 OpenVINO 推理，执行后处理
output_info = self.postprocess(data, pred)
# 返回后处理后的输出信息
return output_info
```

9.3.2 推理结果可视化

通常目标检测算法输出的结果会包括边界框的坐标、类别标签和置信度分数。边界框一般为矩形，通常由左上角坐标 (x_min, y_max) 和右下角坐标 (x_max, y_min) 或者中心坐标 (x_center, y_center) 和宽高 (width, height) 表示；类别标签为每个检测物体所属的类别名称或类别 ID，例如 smoke、fire；置信度分数表示检测到的物体属于某一类别的置信度，通常是一个介于 0 到 1 之间的概率值，数值越大表示模型对该预测结果的信心越大。如图 9-11 所示，边框左上角为物体的类别名称和置信度分数。

图 9-11　推理结果

项 目 总 结

我国人工智能技术在火情识别领域的应用，充分展现了科技与公共安全紧密结合的成果。借助深度学习算法，AI 系统能够精确地识别监控视频中的火焰和烟雾特征，从而迅速发现火情并发出预警。通过 AI 火情识别技术，我们能够及时发现火灾隐患，迅速采取应对措施，最大程度地减少火灾带来的损失。这一科技成果的转化和应用，充分彰显了科技创新服务于人民群众的宗旨，同时也为我国公共安全领域注入了新的科技力量。未来，我们将继续推动 AI 技术的发展，不断优化和完善火情识别系统，为保障人民群众生命财产安全贡献更大的力量。

相信读者在按照以上代码示例进行操作后，对目标检测任务常用数据格式、数据处理、YOLOv8 模型训练及调优、模型转换、模型推理等核心技术已经有了深刻的理解。尤其在工程化部分，使用三种主流的推理框架实现算法在不同平台上的部署应用，是深度学习算法在实际工程应用中非常核心的研发技能，值得大家动手操作，认真实践。

1. 知识要点

为帮助读者回顾项目的重点内容，在此总结了项目中涉及的主要知识点：
(1) D-Fire 数据集分布情况以及数据集划分。
(2) YOLOv8 模型选择和调优技巧。
(3) 模型工程化流程以及必要性。
(4) 推理阶段的前处理模块、推理模块和后处理模块。
(5) OpenVINO、TensorRT、ONNX Runtime 推理框架的应用。

2. 经验总结

火情识别对于火灾预防和应急响应具有重要意义，但同时也面临着多方面的挑战，需要通过技术创新和系统优化来克服。比如在复杂环境中，如雨雾、灰尘、夕阳等可能干扰火焰的识别，给火情识别带来困难；在监控距离比较远的情况下，监控图像中火焰通常比较小，特征不明显，容易造成漏判。本项目旨在掌握深度学习算法从数据处理、模型训练、模型调优到模型推理全流程的研发技能。在实际的工业应用中，一个算法要达到商用级别需要采用大量真实场景数据进行训练和验证，在推理阶段要考虑算力的限制进行模型压缩，并且需要不断回流业务数据进行迭代优化。建议读者基于本项目内容继续完成以下实验：

(1) 在同样的超参数下，分别使用 n、s、m、l、x 不同大小的 YOLO 模型进行训练，记录训练时长和精度数据，分析差异。

(2) 选择一个模型，调整批次大小、更换不同优化器、选择不同的学习率进行多次实验，分析各超参数对训练效果的影响。

(3) 分别在 CPU 和 GPU 平台上使用 ONNX Runtime、OpenVINO、TensorRT 进行推理，分析三种推理框架的性能差异。

(4) 对 D-Fire 数据集进行人工清洗，过滤掉低质量的图片，并且对标注不准确的数据进行重新标注，使用清洗后的数据进行训练，分析算法效果是否有提升。

参 考 文 献

[1] HE K, ZHANG X, Ren S, et al.Deep Residual Learning for Image Recognition[J]. IEEE, 2016.DOI:10.1109/CVPR.2016.90.

[2] VARGHESE R, SAMBATH M. YOLOv8: A Novel Object Detection Algorithm with Enhanced Performance and Robustness[C]//2024 International Conference on Advances in Data Engineering and Intelligent Computing Systems (ADICS). 0[2024-11-01]. DOI:10.1109/ADICS58448.2024.10533619.

[3] BOCHKOVSKIY A, WANG C Y, LIAO H Y M. YOLOv4: Optimal Speed and Accuracy of Object Detection[J]. 2020.DOI:10.48550/arXiv.2004.10934.

[4] GATYS L A, ECKER A S, BETHGE M. A Neural Algorithm of Artistic Style[J]. Journal of Vision, 2015.DOI:10.1167/16.12.326.

[5] CHEN J, LIU G, CHEN X.AnimeGAN: A Novel Lightweight GAN for Photo Animation[C]//2020.DOI:10.1007/978-981-15-5577-0_18.